云计算与大数据实验教材系列

Mahout
实验指南

主编 李琳 袁景凌 熊盛武

武汉大学出版社

图书在版编目(CIP)数据

Mahout 实验指南/李琳,袁景凌,熊盛武主编. —武汉:武汉大学出版社,
2017.4
云计算与大数据实验教材系列
 ISBN 978-7-307-12769-2

Ⅰ.M… Ⅱ.①李… ②袁… ③熊… Ⅲ.①机器学习—教材 ②电子计算机—算法理论—教材 Ⅳ.①TP181 ②TP301.6

中国版本图书馆 CIP 数据核字(2017)第 033057 号

责任编辑:叶玲利　　　责任校对:李孟潇　　　版式设计:马　佳

出版发行:武汉大学出版社　　(430072　武昌　珞珈山)
　　　　　(电子邮件:cbs22@whu.edu.cn　网址:www.wdp.com.cn)
印刷:湖北民政印刷厂
开本:787×1092　1/16　印张:4.5　字数:108 千字　插页:1
版次:2017 年 4 月第 1 版　　2017 年 4 月第 1 次印刷
ISBN 978-7-307-12769-2　　定价:18.00 元

版权所有,不得翻印;凡购我社的图书,如有质量问题,请与当地图书销售部门联系调换。

前　言

本书是一本数据挖掘和机器学习领域入门阶段的实验教材，每章由知识要点和实验两个部分组成。知识要点一是对学生实验过程中碰到的概念和算法进行简要的介绍和讨论；二是对数据挖掘和机器学习领域中常见知识点的理解给出较为完整的方法和思路。实验部分是典型应用的例子，使学生能够将理论内容和实际应用有机结合，解决学生学以致用的问题。本书最大的特点是知识点和实验的结合，基于 Mahout 工具包，针对每章的内容设计了大量的实验，帮助学生更好地理解、掌握理论内容。

Mahout 是 Apache Software Foundation(ASF) 旗下的一个开源项目，提供一些可扩展的机器学习领域经典算法的实现，旨在帮助开发人员更加方便快捷地创建智能应用程序。Mahout 包含许多实现，包括聚类、分类、推荐过滤、频繁项集挖掘。此外，通过使用 Apache Hadoop 库，Mahout 可以有效地扩展到云中。Mahout 是一个很强大的数据挖掘工具，是一个分布式机器学习算法的集合，最大的优点就是基于 hadoop 实现，把很多以前运行于单机上的算法，转化为 MapReduce 模式，这样大大提升了算法可处理的数据量和处理性能。

《Mahout 实验指南》与数据科学中的"数据挖掘"和"机器学习"理论内容相得益彰，理论内容为学生提供了算法原理和思想，实验指南提供在 Mahout 平台上运用理论内容和技术，配置和实现各种算法的步骤和方法。学生用知识要点的理论内容指导实验，反过来又通过实验来加深理解算法的基本概念、原理和流程，具有设计和运用算法的能力，了解算法应用的途径，达到理论和实践相互提升的教学目标。

本书由武汉理工大学计算机科学与技术学院的李琳、袁景凌、熊盛武和研究生林伟彬和晁朝辉共同编写，由李琳定稿。限于作者的水平，错误和不足之处在所难免，殷切希望使用本书的老师和学生批评和指正，也殷切希望读者能够就本书内容和叙述方式提出宝贵建议和意见，以便进一步完善。作者的 E-mail 地址为 cathylilin@ whut. edu. cn。

编者

2017 年 1 月

目 录

1 概述 ··· 1
　1.1 数据挖掘 ··· 1
　　1.1.1 推荐系统 ··· 1
　　1.1.2 聚类算法 ··· 1
　　1.1.3 分类算法 ··· 2
　　1.1.4 监督学习和无监督学习 ······························ 2
　　1.1.5 关联规则 ··· 2
　1.2 Mahout 使用说明 ·· 3
　　1.2.1 关于 Mahout ·· 3
　　1.2.2 配置 Mahout ·· 3

2 推荐系统 ·· 10
　2.1 知识要点 ··· 10
　　2.1.1 推荐系统定义 ·· 10
　　2.1.2 查准率与查全率 ······································· 10
　　2.1.3 协同过滤 ··· 11
　　2.1.4 相似度计算 ·· 11
　2.2 创建一个推荐程序 ··· 13
　　2.2.1 创建输入 ··· 13
　　2.2.2 运行推荐程序 ·· 14
　2.3 评估一个推荐程序 ··· 15
　2.4 基于用户的协同过滤 ·· 16
　　2.4.1 算法思想 ··· 16
　　2.4.2 基于欧几里得距离的 user-based 推荐程序 ··· 16
　2.5 基于商品的协同过滤 ·· 17
　　2.5.1 算法思想 ··· 17
　　2.5.2 基于欧几里得距离的 item-based 推荐程序 ··· 18
　2.6 Slope-one 推荐算法 ··· 18
　　2.6.1 算法思想 ··· 18
　　2.6.2 Slope-one 推荐程序 ·································· 19

3 聚类算法

3.1 知识要点
3.1.1 TFIDF 权重
3.1.2 向量空间模型及距离度量
3.1.3 k-means 聚类算法
3.1.4 模糊 k-means 聚类算法

3.2 聚类示例
3.2.1 生成输入数据
3.2.2 使用 Mahout 聚类

3.3 使用各种距离度量
3.3.1 欧氏距离测度
3.3.2 平方欧氏距离测度
3.3.3 曼哈顿距离测度
3.3.4 余弦距离测度
3.3.5 谷本距离测度

3.4 数据向量化表示
3.4.1 将数据转换为向量
3.4.2 从文档中生成向量

3.5 k-means 新闻聚类
3.5.1 内存 k-means 聚类
3.5.2 Hadoop 下的 k-means 新闻文本聚类

3.6 模糊 k-means 新闻聚类
3.6.1 内存模糊 k-means 聚类
3.6.2 Hadoop 下的模糊 k-means 新闻文本聚类

4 分类算法

4.1 知识要点
4.1.1 分类算法基本流程
4.1.2 最近邻分类器
4.1.3 逻辑回归分类算法
4.1.4 SVM 分类算法
4.1.5 朴素贝叶斯分类算法
4.1.6 决策树
4.1.7 随机森林分类算法
4.1.8 人工神经网络分类器

4.2 简单分类示例——填充颜色分类器
4.2.1 查看数据
4.2.2 训练模型

4.3 文本分类算法准备工作	50
4.3.1 训练分类器流程	50
4.3.2 实现文本的词条化和向量化	50
4.4 逻辑回归新闻分类算法	52
4.4.1 准备数据集	52
4.4.2 模型建立与评估	53
4.4.3 部分运行过程	54
4.5 朴素贝叶斯新闻分类算法	55
4.6 隐马尔科夫模型	56
5 关联规则	**58**
5.1 知识要点	58
5.1.1 频繁项集发现	58
5.1.2 支持度和置信度	58
5.1.3 Apriori 关联规则挖掘算法	59
5.2 关联规则挖掘示例	59
5.2.1 发现频繁项集	59
5.2.2 产生关联规则	61
参考文献	**65**

1 概 述

在数据工程和知识发现领域中，数据挖掘被公认为是一种有用的方法。数据挖掘从大量数据中提取有用的知识，主要目的是发现被隐藏的或者不是显而易见的信息。原始数据有着多种多样的形式，例如电子商务的交易数据、生物信息学研究领域中的基因表达等。近年来，关联规则挖掘、监督学习（分类算法）、无监督学习（聚类算法）等被深入地研究和广泛地应用。

1.1 数据挖掘

1.1.1 推荐系统

推荐系统的研究和竞赛如火如荼，推进了推荐方法的发展，使得基于海量数据的推荐方法得到了相应关注。用户的评分数据是推荐方法的主要处理对象，将用户、商品及评分表示成矩阵的数学表示形式，研究者提出了基于邻域的算法和基于模型的推荐算法。其中基于用户的协同过滤算法和基于物品的协同过滤算法是基于邻域算法中的两大重要算法。

基于用户的协同过滤算法的核心思想是通过计算用户与用户之间的相似性程度，并根据这些相似性找到与该用户最为相近的用户来预测。基于物品的协同过滤算法则是依据物品间的相似性程度来预测，较早的应用是亚马逊的商品推荐系统。此外，基于邻域的协同过滤算法中相似性的度量可以采用欧氏距离、余弦距离等，有相关研究通过改进相似度计算的方法来提高推荐质量。

1.1.2 聚类算法

聚类（clustering），是将具有相同或类似属性的对象从数据集合中划分出来并形成簇或类，并且要求簇内的对象要尽可能保持较大的相似度，簇与簇之间的对象要尽可能具有较大的差异度。它是一种无监督的数据挖掘算法，训练数据集中并没有预定好的类标签。典型的聚类分析既可以作为一个单独的数据分析工具，也可以作为其他算法的预处理手段。

在 Mahout 中的聚类算法将聚类可视化为一个几何问题。聚类的核心是使用几何的技术表达不同距离的测量，找到一些重要的距离测量法和聚类的关系，平面上的聚类点与数据形成的类之间的相似性就可以表现出来。相关聚类算法主要由以下基本步骤组成。

（1）特征选择：选择任务相关信息，并具有最小的信息冗余度。特征工程往往是知识发现工作的基础。

（2）相似性度量：对两个特征向量，采取什么方式去计算相似性。

（3）聚类标准：往往通过聚类函数或者是一些规则来表达。
（4）聚类算法：选择一个合适的算法。
（5）结果的校验：包括验证测试等。
（6）对结果的解释：确定如何集成到具体应用当中。

1.1.3 分类算法

分类(classification)是预测类标签，而类标签是离散属性或者标称属性。分类通过具有类标签的训练数据集来建立模型并对新数据进行分类，是一种有监督的数据挖掘算法。比如通过图片对性别预测就是分类，判断一封邮件是垃圾邮件还是正常邮件也是分类。和分类比较相似的是数值预测，它是建立一个连续值函数来预测未知的或者是缺失的值。比如通过图片对年龄进行预测就是数值预测。或者建一个模型预测一只股票第二天的价格是多少，也是数值预测。分类和数值预测应用非常广泛，比如银行判断是否给这个客户发放信用卡，政府判断当前的交通情况下发生事故的风险是多少等。

分类的过程包括模型构建和模型使用。模型构建主要是建立用以描述预先定义好的类的分类器。在这里，每个样本都具有预先定义好的类标签，这些样本构成了模型训练的训练数据集，分类模型可以用分类规则、决策树或者是数学公式来表示。模型使用主要是对未知数据或者是未来的数据进行分类。在模型使用前，要评估模型的准确率。这要用到测试数据集。测试数据的类标签也是已知的，但测试数据集的类标签应该独立于训练数据集。如果评估后认为准确率是可以接受的，那就可以用来对新数据进行分类了。

1.1.4 监督学习和无监督学习

在前面的两个部分，引入了对标签数据的学习(监督学习或者分类)和未标记的数据学习(无监督学习或者聚类)两个算法。从直觉上来讲，大量的无标签数据是很容易获得的(例如，页面由搜索引擎爬取得到)，但是其中只有很小的一部分被打上了标签。研究者提出了半监督学习(或半监督式分类)，其目的是通过使用大量无标签数据以及解决问题，加上标记的数据，建立更好的分类方法。半监督式分类的方法中具有代表性的是自我训练、合作训练、衍生模型和基于图形的方法等。

1.1.5 关联规则

购物篮分析是频繁项集挖掘或关联分析的典型应用，目的是要通过大量顾客购买的数据发现，哪些商品经常被一起购买。对从超市pos终端收集到的大量顾客购买的商品数据进行分析中，一个很经典的例子就是啤酒与尿布。20世纪90年代的美国沃尔玛超市，通过分析销售数据发现，"啤酒"与"尿布"会经常出现在同一个购物篮中。虽然这看上去有点奇怪，但利用这个规律，超市通过将啤酒与尿布摆放在相同的区域或一起促销等方法，很好地提高了这两件商品的销售收入。

能够支持类似应用的技术就是频繁模式挖掘或者关联分析，这也是数据挖掘领域最具影响力的技术之一。什么是频繁模式？频繁模式指的是数据集中频繁一起发生的模式，这里的模式可能是项集(比如放到购物车中的商品)、子序列(比如股票的一段价格走势)或者子结构(比如社交网络中的人和相互关系)等。简单地说，关联分析旨在发现项集之间有趣的关联或相关性。

1.2 Mahout 使用说明

1.2.1 关于 Mahout

Mahout 是 Apache 旗下的开源机器学习库，本书主要给出 Mahout 在推荐引擎(协同过滤)、聚类、分类和关联规则挖掘四个方面的实验指南，通过现实中一些熟悉的案例简要介绍机器学习算法。

Mahout 也是可扩展的。Mahout 致力于成为需要处理的数据集非常大，也许已经大到远远超出单个机器能够处理的范围时的机器学习的工具。目前，Mahout 提供的机器学习的实现是用 Java 语言编写的，有一部分是基于 Apache Hadoop 分布式计算项目的。最后，Mahout 是一个 Java 库。它不提供用户接口、预先打包好的服务器或安装程序，它是一个将要被开发者使用和适应的工具框架。

在准备通过本书动手实战 Mahout 之时，要做一些必要的设置和安装。

1.2.2 配置 Mahout

为了使用接下来的章节提供的代码，需要安装一些工具，并假定使用 Mahout 的用户对 Java 开发已经有所掌握了。

Mahout 及其相关的框架都是基于 Java 的，因此它与平台无关，可以在任何一个可以运行 JVM 的平台上使用 Mahout。首先需要配置 Java 环境，请参考 http://www.cnblogs.com/xxx0624/p/4164744.html 获得相关文件。

> **配置 Java 环境**

1. 下载 JDK

(http://www.oracle.com/technetwork/java/javase/downloads/jdk8-downloads-2133151.html)如：jdk-8u111-linux-i586.tar.gz。

注意：32 位/64 位系统，如果不符合，则在检验 JDK 是否安装成功的时候会报错(错误：无法执行二进制文件)。

2. 安装配置

1) $ sudo mkdir /usr/local/java

   $ cd ~/.Downloads

   $ sudo tar zxvf jdk-8u111-linux-i586.tar.gz -C /usr/local/java

2) 设置环境变量

   $ sudo gedit ~/.bashrc

```
# set java environment
export JAVA_HOME=/usr/local/java/jdk1.8.0_111
export JRE_HOME=${JAVA_HOME}/jre
export CLASSPATH=.:${JAVA_HOME}/lib:${JRE_HOME}/lib
export PATH=${JAVA_HOME}/bin:$PATH
```

$ source ~/.bashrc

3）验证环境

$ java-version

```
wilben@wilben-virtual-machine:~/Downloads$ java -version
java version "1.8.0_111"
Java(TM) SE Runtime Environment (build 1.8.0_111-b14)
Java HotSpot(TM) Client VM (build 25.111-b14, mixed mode)
wilben@wilben-virtual-machine:~/Downloads$
```

图 1.1　验证 Java 环境

➢ Hadoop 1.2.1 安装教程

请参考 http：//www.cnblogs.com/xxx0624/p/4166095.html。

1）下载 Hadoop1.2.1

网址：https：//mirrors.tuna.tsinghua.edu.cn/apache/hadoop/common/hadoop-1.2.1/。

下载文件 hadoop-1.2.1.tar.gz。

2）安装配置

#cd /Downloads

#tar -zxvf hadoop-1.2.1.tar.gz -C /opt/

#gedit /opt/Hadoop-1.2.1/conf/Hadoop-env.sh

```
export JAVA_HOME=/usr/local/java/jdk1.8.0_111
export HADOOP_HOME=/opt/hadoop-1.2.1
export PATH=$PATH:/opt/hadoop-1.2.1/bin
```

#source/opt/Hadoop-1.2.1/conf/Hadoop-env.sh　　　　#配置文件生效

#gedit ~/.bashrc

```
# set hadoop environment
export HADOOP_HOME=/opt/hadoop-1.2.1
export HADOOP_CONF_DIR=$HADOOP_HOME/conf
export PATH=$PATH:$HADOOP_HOME/bin
export HADOOP_HOME_WARN_SUPPRESS=not_null
```

#source ~/.bashrc

3)验证环境

#hadoop version （注意：中间没有“-”）

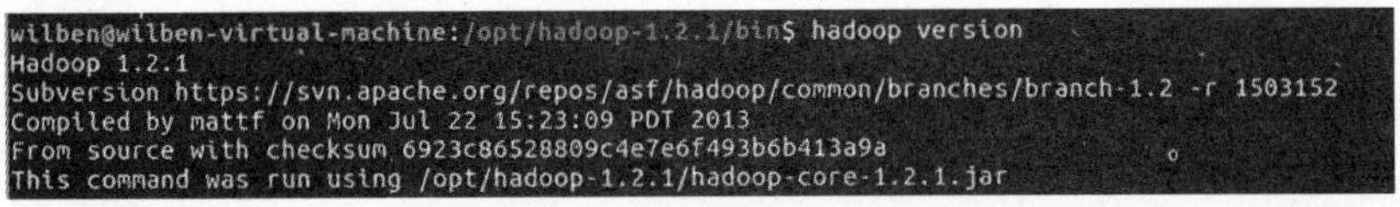

```
wilben@wilben-virtual-machine:/opt/hadoop-1.2.1/bin$ hadoop version
Hadoop 1.2.1
Subversion https://svn.apache.org/repos/asf/hadoop/common/branches/branch-1.2 -r 1503152
Compiled by mattf on Mon Jul 22 15:23:09 PDT 2013
From source with checksum 6923c86528809c4e7e6f493b6b413a9a
This command was run using /opt/hadoop-1.2.1/hadoop-core-1.2.1.jar
```

图 1.2 验证 Hadoop 环境

➢ 配置 SSH 服务

1)安装 ssh

#sudo apt-get install openssh-server

#sudo apt-get install openssh-client

验证：#ps -e | grep sshd

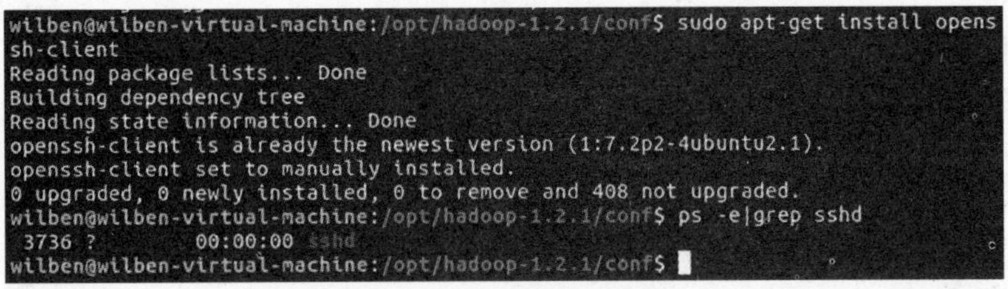

```
wilben@wilben-virtual-machine:/opt/hadoop-1.2.1/conf$ sudo apt-get install opens
sh-client
Reading package lists... Done
Building dependency tree
Reading state information... Done
openssh-client is already the newest version (1:7.2p2-4ubuntu2.1).
openssh-client set to manually installed.
0 upgraded, 0 newly installed, 0 to remove and 408 not upgraded.
wilben@wilben-virtual-machine:/opt/hadoop-1.2.1/conf$ ps -e|grep sshd
 3736 ?        00:00:00 sshd
wilben@wilben-virtual-machine:/opt/hadoop-1.2.1/conf$
```

图 1.3 安装 SSH 环境

2)配置 SSH 本机免密登录

首先请确保防火墙都处于关闭状态，具体命令是 ufw disable。并确保安装 ssh openssh-server。

在主机 qiuchenl0 中执行以下命令：

①cd ~/. ssh （进入用户目录下的隐藏文件 . ssh）

②ssh-keygen -t rsa(用 rsa 生成密钥)

③cp id_rsa. pub authorized_keys(把公钥复制一份，并改名为 authorized_keys，这步执行完，应该 ssh localhost 就可以无密码登录本机了，可能第一次要密码)

④scp authorized_keysqiuchenl@ qiuchenl1：/home/qiuchenl/. ssh （把重命名后的公钥通过 ssh 提供的远程复制文件，复制到从机 qiuchenl1 上面）

⑤chmod 600 authorized_keys(更改公钥的权限，也需要在从机 qiuchenl1 中执行同样代码)

⑥ssh qiuchenl1(可以远程无密码登录 qiuchenl1 这台机子了，注意是 ssh 不是 sudo ssh。第一次需要密码，以后不再需要密码)

➢ 伪分布式模式配置

core-site. xml：Hadoop Core 的配置项，例如 HDFS 和 MapReduce 常用的 I/O 设置等。

hdfs-site.xml：Hadoop 守护进程的配置项，包括 namenode、辅助 namenode 和 datanode 等。

mapred-site.xml：MapReduce 守护进程的配置项，包括 jobtracker 和 tasktracker。

1）新建文件夹

\#mkdir tmp

\#mkdir hdfs

\#mkdir hdfs/name

\#mkdir hdfs/data

2）编辑文件

①core-site.xml

\<configuration\>

\<property\>

\<name\>fs.default.name\</name\>

\<value\>hdfs：//localhost：9000\</value\>

\</property\>

　\<property\>

\<name\>hadoop.tmp.dir\</name\>

\<value\>/opt/Hadoop-1.2.1/tmp\</value\>

\</property\>y\>

\</configuration\>

②hdfs-site.xml

\<configuration\>

\<property\>

\<name\>dfs.replication\</name\>

\<value\>1\</value\>

\</property\>

\<property\>

\<name\>dfs.tmp.dir\</name\>

\<value\>/opt/hadoop-1.2.1/hdfs/name\</value\>

\</property\>

\<property\>

\<name\>dfs.data.dir\</name\>

\<value\>/opt/hadoop-1.2.1/hdfs/data\</value\>

\</property\>

\</configuration\>

③mapred-site.xml

\<configuration\>

\<property\>

\<name\>mapred. job. tracker\</name\>

\<value\>localhost：9001\</value\>

\</property\>

\</configuration\>

3）格式化 HDFS

$ hadoopnamenode -format

如果出现这种错误：

ERROR namenode. NameNode：java. io. IOException：Cannot create directory /home/xxx0624/hadoop/hdfs/name/current

则：将 hadoop 的目录权限设为当前用户可写 sudo chmod -R a+w /opt/Hadoop-1. 2. 1，授予 hadoop 目录的写权限

另外同时还需要更改 hdfs/data 文件夹的读写权限：

$ sudo chmod 755 data

4）启动 Hadoop

$ cd /opt/Hadoop-1. 2. 1/bin

$. /start-all. sh

$ jps

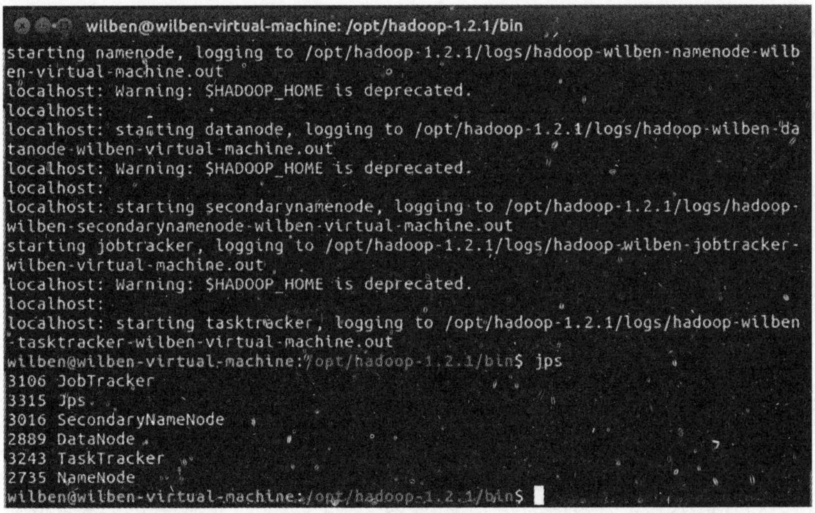

图 1.4 Hadoop 搭建

如图 1.4 所示，如果都列出来，说明搭建成功，漏一个都是有问题的。然后可以通过 firefox 浏览器查看运行状态。

http：//localhost：50030/　　——Hadoop 管理界面

http：//localhost：50060/　　——Hadoop Task Tracker 状态

http：//localhost：50070/　　——Hadoop DFS 状态

5）关闭 Hadoop

$./stop-all. sh

➢ Mahout

1）下载 Mahout 0. 6

地址：http：//archive. apache. org/dist/mahout/

mahout-distribution-0. 6. tar. gz

2）安装

#cd ~/. Downloads

#tar zxvf mahout-distribution-0. 6. tar. gz -C /opt/

3）配置

#gedit ~/. bashrc

```
# set mahout environment
export MAHOUT_HOME=/opt/mahout-distribution-0.6
export MAHOUT_CONF_DIR=$MAHOUT_HOME/conf
export PATH=$PATH:$MAHOUT_HOME/bin
```

#source~/. bashrc

4）验证环境

$ mahout

```
wilben@wilben-virtual-machine: ~
wilben@wilben-virtual-machine:~$ mahout
MAHOUT_LOCAL is not set; adding HADOOP_CONF_DIR to classpath.
Running on hadoop, using HADOOP_HOME=/opt/hadoop-1.2.1
HADOOP_CONF_DIR=/opt/hadoop-1.2.1/conf
MAHOUT-JOB: /opt/mahout-distribution-0.6/mahout-examples-0.6-job.jar
An example program must be given as the first argument.
Valid program names are:
  arff.vector: : Generate Vectors from an ARFF file or directory
  baumwelch: : Baum-Welch algorithm for unsupervised HMM training
  canopy: : Canopy clustering
  cat: : Print a file or resource as the logistic regression models would see it
  cleansvd: : Cleanup and verification of SVD output
  clusterdump: : Dump cluster output to text
  clusterpp: : Groups Clustering Output In Clusters
  cmdump: : Dump confusion matrix in HTML or text formats
  cvb: : LDA via Collapsed Variation Bayes (0th deriv. approx)
  cvb0_local: : LDA via Collapsed Variation Bayes, in memory locally.
  dirichlet: : Dirichlet Clustering
  eigencuts: : Eigencuts spectral clustering
  evaluateFactorization: : compute RMSE and MAE of a rating matrix factorization
 against probes
  fkmeans: : Fuzzy K-means clustering
  fpg: : Frequent Pattern Growth
  hmmpredict: : Generate random sequence of observations by given HMM
```

图 1. 5　验证 Mahout 环境

1.2 Mahout 使用说明

➢ **在 Eclipse 中创建 Mahout 工程**

1）创建 Maven 工程

2）在 pom.xml 中引入 Mahout0.6 相关的依赖 JAR 配置

```xml
<project.build.sourceEncoding>UTF-8</project.build.sourceEncoding>
<mahout.version>0.6</mahout.version>
</properties>

<dependencies>
    <dependency>
        <groupId>junit</groupId>
        <artifactId>junit</artifactId>
        <version>3.8.1</version>
        <scope>test</scope>
    </dependency>

    <dependency>
        <groupId>org.apache.mahout</groupId>
        <artifactId>mahout-core</artifactId>
        <version>${mahout.version}</version>
    </dependency>
    <dependency>
        <groupId>org.apache.mahout</groupId>
        <artifactId>mahout-integration</artifactId>
        <version>${mahout.version}</version>
        <exclusions>
            <exclusion>
                <groupId>org.mortbay.jetty</groupId>
                <artifactId>jetty</artifactId>
            </exclusion>
            <exclusion>
                <groupId>org.apache.cassandra</groupId>
                <artifactId>cassandra-all</artifactId>
            </exclusion>
            <exclusion>
                <groupId>me.prettyprint</groupId>
                <artifactId>hector-core</artifactId>
            </exclusion>
        </exclusions>
    </dependency>
```

图 1.6 引入 Mahout0.6 相关的依赖 JAR 配置

3）等待 JAR 下载完成即可

2 推荐系统

通过推荐系统的智能分析和挖掘，能够有效地帮助用户根据海量信息做出决策。本章的实验从简单推荐系统的实现入手，着重介绍了基于相似度计算的协同过滤方法和快速在线计算的 Slope-one 推荐方法，并对推荐系统性能进行了评估检验。

2.1 知识要点

2.1.1 推荐系统定义

推荐系统可以定义为一个软件代理，它能够智能地去分析用户的兴趣和喜好，同时根据用户的兴趣和喜好来进行推荐。一般来说，推荐系统的主要功能是预测。预测用户对一个没有买过的商品的购买可能性或者兴趣度。我们知道用户的喜好、用户的地域分布、年龄等各种用户属性信息，此外还知道用户对购买过的商品的打分情况以及商品的属性信息。推荐系统就会根据这些信息来形成最终的预测打分。主要方法有两大类：一类是基于内容的推荐，另外一类是基于协同过滤的推荐。第1章中提到的基于内存和基于模型的推荐都可以看做协同过滤方法。

基于内容的推荐主要根据用户以前买过的商品，预测哪个商品和用户以前买过的商品比较相似？换句话说就是"Show me more of the same what I've liked"。而协同过滤的思想是考虑朋友的兴趣或者购买历史。比如用户以前买过一些商品，同时用户的朋友也买过一些商品，协同过滤根据用户朋友购买的商品向用户进行推荐。还可以把各种推荐技术融合在一起，混合地进行推荐，我们称之为"混合推荐方法"。本章给出的实例以基于领域的协同过滤方法为主，围绕相似度(距离)度量、基于用户的协同过滤、基于商品的协同过滤和推荐评价四个方面展开学习。

2.1.2 查准率与查全率

对于一个给定的用户，评价推荐系统的质量或者推荐的准确度，可以采用查准率与查全率两个指标来衡量，它们也是信息检索领域常用的评价指标。信息检索和推荐系统都属于信息过滤，从大量信息中过滤得到和用户需求匹配的集合或者列表。

Precision(查准率、精度)衡量推荐系统或者检索系统得到的相关结果个数(商品，网页)与得到的结果总量的百分比。Recall(查全率，召回率)衡量推荐系统或者检索系统得到的相关结果个数(商品，网页)与系统中的相关结果总量的百分比。这样一个例子：某池塘有1 400条鲤鱼，300只虾，300只鳖。现在以捕鲤鱼为目的。撒一大网，逮着了700

条鲤鱼，200只虾，100只鳖。那么，查准率与查全率分别如下：

查准率=700/(700+200+100)=70%

查全率=700/1400=50%

2.1.3 协同过滤

基于内存的协同过滤算法以用户-项目的评分矩阵为基础，然后通过选择合适的相似度计算方法来计算用户或者物品的相似度，从而形成用户或者物品的近邻，来对未知的评分项得出预测评分。基于内存的协同过滤算法中比较具有代表性的又分为两种：一种是基于用户(User-based)的算法，另一种是基于物品(Item-based)的算法。其中基于用户的协同过滤推荐是利用相似的邻居用户偏好信息来产生对目标用户的推荐，其算法原理是假设某些用户对某一类物品的评分相对比较接近的前提下，可以推测这些用户对于其他类物品的评分可能也比较相似。其原理如图2.1所示。

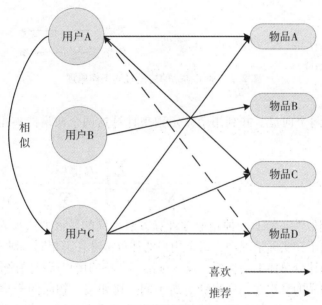

图2.1 基于用户的协同过滤工作原理

不同于基于用户的协同过滤推荐，基于物品的算法是计算每个物品之间的相似度，假设大部分用户对于相似度较高的物品之间的评分是接近的，然后根据已接受的物品将类似物品推荐给目标用户，其原理如图2.2所示。

2.1.4 相似度计算

在使用协同过滤方法时，需要计算相似性。因此相似性的计算是在该方法中至关重要的一个步骤。

以基于物品的协同过滤方法为例，常用的相似性计算方法主要如下：

1)余弦相似性：这种方法在计算物品 i 和物品 j 的相似度时，把评分矩阵中第 i 列和

2 推荐系统

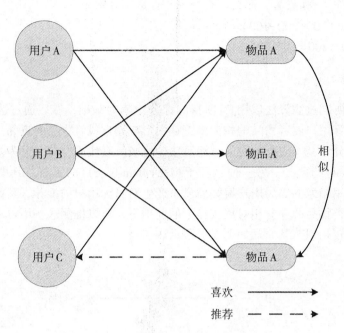

图 2.2 基于物品的协同过滤工作原理

第 j 列的元素看做两个向量，并利用余弦定理来计算这两个向量的夹角，计算方法如下所示：

$$\text{sim}(i, j) = \cos(\vec{u}_i, \vec{u}_j) = \frac{\sum_{u=1}^{m} r_{ui} * r_{uj}}{\sqrt{\sum_{u=1}^{m} (r_{ui})^2} * \sqrt{\sum_{u=1}^{m} (r_{uj})^2}}$$

（公式 2.1）

2）修正余弦相似性：与上一种相似度计算方法不同的是该方法加入了物品平均分这一修正项。这是由于在实际情况中，每个用户的评价标准各不相同。对于评分标准严格的用户来说，他们的评分总体上会偏低，反之标准不严格的用户所打的评分总分就会相对较高。与此同时，物品的受欢迎程度也会有所不同。比如某一物品的平均得分为 10，如果用户对该物品评分为 10 则说明用户的评分意见与大众意见一致。如果用户对该物品评分为 20，这说明用户的评价标准与大众标准有偏差。因此我们需要引入物品平均分这一修正项来解决标准偏差的问题：

$$\text{sim}(i, j) = \cos(\vec{u}_i, \vec{u}_j) = \frac{\sum_{u=1}^{m} (r_{ui} - \bar{r}_i) * (r_{uj} - \bar{r}_j)}{\sqrt{\sum_{u=1}^{m} (r_{ui} - \bar{r}_i)^2} * \sqrt{\sum_{u=1}^{m} (r_{ui} - \bar{r}_j)^2}}$$

（公式 2.2）

其中 $\bar{r}_i$ 和 $\bar{r}_j$ 分别代表物品 i 和物品 j 的总体平均分。

3）Pearson（皮尔逊）相似：在实际的应用情况中，评分矩阵往往存在稀疏性的问题，即矩阵中大部分评分为 0，而非 0 评分所占的比例非常少，用户对绝大多数物品没有评分记录。使用皮尔逊相似度计算方法只把两个物品中被某一个用户共同评分的项列入考虑范围，其计算公式如下所示：

$$\text{sim}(i, j) = \cos(\vec{u}_i, \vec{u}_j) = \frac{\sum_{u \in U(i,j)} (r_{ui} - \bar{r}_i) * (r_{uj} - \bar{r}_j)}{\sqrt{\sum_{u \in U(i,j)} (r_{ui} - \bar{r}_i)^2} * \sqrt{\sum_{u \in U(i,j)} (r_{uj} - \bar{r}_j)^2}}$$

（公式2.3）

其中$U(i, j)$表示对物品i和物品j都有评分的用户集合，物品相似度计算可以在线下进行，并将相似度进行保存，而不需要实时计算产生推荐结果。

4）欧几里得距离：一个用户就是多维空间里的一个点（有多少物品就有多少维），偏好值就是该点的坐标。相似度度量就是计算两个用户点之间的欧几里得距离d。欧几里得距离是两坐标差的平方和开根号，其计算公式如下：

$$d = \sqrt{(x_1 - x_2)^2 + (y_1 - y_2)^2}$$

（公式2.4）

公式(2.4)得到的数值并不是一个有效的相似度测量，因为数值越大说明距离越远，用户之间的相似度也就越低，用户之间越相似则该值越小。因此，实现时实际上将$1/(1+d)$作为计算结果返回值，当距离为0时（用户拥有相同的偏好值）结果为1，随着距离增大结果趋近于0。这种相似度度量不会返回负值，但数值越大仍旧代表相似度越高。

2.2 创建一个推荐程序

2.2.1 创建输入

推荐程序需要有输入——构成推荐的基础数据。在Mahout的语言中，数据是以偏好（preference）的形式来表达的。一个偏好包含一个用户ID和一个物品ID，通常还有一个表达用户对物品的偏爱程序的数值。这些值可能按从1到5定级，其中1表示用户非常不喜欢该物品，而5表示该物品是用户的至爱。

复制下面的示例到一个文件中并将之存为intro.csv。每列数据分别表示用户ID、物品ID、偏好值。

代码清单2.1：推荐程序的输入文件intro.csv

```
1, 101, 5.0
1, 102, 3.0
1, 103, 2.5
2, 101, 2.0
2, 102, 2.5
2, 103, 5.0
2, 104, 2.0
3, 101, 2.5
3, 104, 4.0
```

3，105，4.5
3，107，5.0
4，101，5.0
4，103，3.0
4，104，4.5
4，106，4.0
5，101，4.0
5，102，3.0
5，103，2.0
5，104，4.0
5，105，3.5
5，106，4.0

由输入数据，可以看出用户 1 和 5 似乎有相似的喜好，用户 1 和 2 的喜好基本是对立的。图 2.3 表示了用户和物品之间正面和负面的关系。

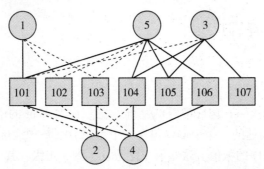

图 2.3　用户 1 到 5 和物品 101 到 107 的关系
虚线表示看似负面的关系，即用户似乎不太喜欢这个物品

2.2.2　运行推荐程序

现在，在 Eclipse 中运行如下代码。计算并为用户 1 推荐一件最喜欢的物品及可能的偏好值。

代码清单 2.2：基于用户的 Mahout 推荐程序

DataModel model = new FileDataModel(new File("/usr/local/dataset/intro.csv"));
UserSimilarity similarity = new PearsonCorrelationSimilarity(model);
UserNeighborhood neighborhood=new NearestNUserNeighborhood(2, similarity, model);
Recommender recommender = new GenericUserBasedRecommender(model, neighborhood, similarity);

```
List<RecommendedItem>recommendations = recommender.recommend(1,1);
    for(RecommendedItem recommendation : recommendations){
        System.out.println(recommendation);
    }
```

实验运行结果如图 2.4 所示。推荐程序把物品 104 推荐给用户 1，是因为用户 1 与用户 4 和 5 最相似，且他们对于物品 104 的偏好值分别为 4.5 和 4.0，所以用户 1 对物品 104 的偏好值大概为 4.25。

```
RecommendedItem[item:104, value:4.257081]
```

图 2.4　推荐程序运行结果

2.3　评估一个推荐程序

"什么是对用户最好的推荐？"即获知用户对于尚未见过或没有对其表达过任何喜好意见的物品的喜欢程度。要评估一个推荐程序的好坏，就是要看评估的偏好与实际偏好偏差多少。在这种评分中，值越小意味着估计值与实际值相差越小，推荐系统的效果越好。在此使用更为直观和易于理解的差值求平均值的方法来评估。

如下列代码清单所示，在简单的数据集上评估简易的推荐程序。

代码清单 2.3：配置并评估一个推荐程序

```
RandomUtils.useTestSeed();
DataModel model = new FileDataModel(new File("/usr/local/dataset/intro.csv"));
RecommenderEvaluator evaluator = new AverageAbsoluteDifferenceRecommenderEvaluator();
// Build the same recommender for testing that we did last time:
RecommenderBuilder recommenderBuilder = new RecommenderBuilder(){
    public Recommender buildRecommender(DataModel model) throws TasteException{
        UserSimilarity similarity = new PearsonCorrelationSimilarity(model);
        UserNeighborhood neighborhood = new NearestNUserNeighborhood(2, similarity, model);
        return new GenericUserBasedRecommender(model, neighborhood, similarity);
    }
};
// Use 70% of the data to train; test using the other 30%.
double score = evaluator.evaluate(recommenderBuilder, null, model, 0.7, 1.0);
System.out.println("score:"+score);
```

程序运行结果如图 2.5 所示。在这个例子中，你只会看到 1.0 这个值。这是因为对 RandomUtils.useTestSeed() 的调用会强制每次选择相同的随机值，使得结果是相同的。在该实现中分值为 1.0，这意味着平均而言推荐程序所给出的估计值与实际值的偏差为 1.0。这个值在 0 至 5 的区间中并不大，可是只采用了非常少的数据。

最后传递给 evaluate() 的参数 1.0 是用来控制总共使用多少输入数据。这里是指 100%数据。这个参数可用于仅通过庞大数据集中的很小一部分数据，来生成一个精度较低但更快的评估。比如 0.1 代表使用 10%的数据。当你希望快速测试 Recommender 中一些小的更改时，这个参数会很有用。

score:1.0

图 2.5　评估结果

2.4　基于用户的协同过滤

2.4.1　算法思想

基于用户的推荐算法，在实际应用中，通常会先确定相似用户，再考虑这些最相似用户对什么物品感兴趣。

for 每个其他用户 w
　计算用户 u 和用户 w 的相似度 s
按相似度排序后，将位置靠前的用户作为邻域 n
for(n 中用户有偏好，而 u 中用户无偏好的)每个其他用户 v
for(n 中用户对 i 有偏好的)每个其他用户 v
　　计算用户 u 和用户 v 的相似度 s
　　按权重 s 将 v 对 i 的偏好并入平均值

2.4.2　基于欧几里得距离的 user-based 推荐程序

基于用户的推荐程序另一个重要部分是 UserSimilarity 实现，它非常依赖这个组件。你可以将用户想象成多维空间中的点(维数等于总的物品数量)，偏好值是坐标，这种相似性度量计算两个用户点之间的欧几里得距离 d(即公式 2.4)。表 2.1 中计算出用户 1 与其他用户之间的欧几里得距离及相似度。

表 2.1　　　　用户 1 与其他用户之间的欧几里得距离及相似度

	物品 101	物品 102	物品 103	距离	与用户 1 的相似度
用户 1	5.0	3.0	2.5	0.000	1.000
用户 2	2.0	2.5	5.0	3.937	0.203

续表

	物品 101	物品 102	物品 103	距离	与用户 1 的相似度
用户 3	2.5	—	—	2.500	0.286
用户 4	5.0	—	3.0	0.500	0.667
用户 5	4.0	3.0	2.0	1.118	0.472

本次实验使用的是 GroupLens 数据集，需要到 http：//grouplens.org 下载包含 1 000 万个评分的 MovieLens 数据集(ml-10m.zip)，通过命令 $ sudo unzip ml-10m.zip 解压后，找到其中的 ratings.dat 文件。

代码清单如下所示。

代码清单 2.4：对基于欧几里得距离 user-based 的推荐引擎进行评估

```
DataModel model = new GroupLensDataModel(new File("ratings.dat"));
RecommenderEvaluator evaluator = new AverageAbsoluteDifferenceRecommenderEvaluator();
RecommenderBuilder recommenderBuilder = new RecommenderBuilder() {
    public Recommender buildRecommender(DataModel model) throws TasteException {
        UserSimilarity similarity = new EuclideanDistanceSimilarity(model);
        UserNeighborhood neighborhood =
            new NearestNUserNeighborhood(100, similarity, model);
        return new GenericUserBasedRecommender(model, neighborhood, similarity);
    }
};
double score = evaluator.evaluate(recommenderBuilder, null, model, 0.95, 0.05);
System.out.println("score:"+score);
```

由于数据集较大，运行起来需要几分钟时间。运行结果如图 2.6 所示，结果为 0.74。不过这种基于该算法的推荐程序还是有点缺陷，比如说用户 1 和用户 4 的相似度高于用户 1 和用户 5。

score:0.743452039293416

图 2.6　对基于用户的推荐程序评分结果

2.5　基于商品的协同过滤

2.5.1　算法思想

了解基于用户的推荐程序之后，你会感觉基于物品的推荐算法也类似。下面是它在

Mahout 中的实现方式。
    for(用户 u 尚未表达偏好的)每个物品 i
        for(用户 u 表达偏好的)每个物品 j
            计算 i 和 j 之间的相似度 s
            按权重为 s 将 u 对 j 的偏好并入平均值
    return 值最高的物品(按加权平均排序)

2.5.2 基于欧几里得距离的 item-based 推荐程序

本次实验程序的代码与代码清单 2.4 类似，只需将 GenericUserBasedRecommender 替换为 GenericItemBasedRecommender 即可。核心代码部分如代码清单 2.5 所示。

代码清单 2.5：基于欧几里得距离的 item-based 推荐程序的核心部分

```
public Recommender buildRecommender(DataModel model) throws TasteException {
    ItemSimilarity similarity = new EuclideanDistanceSimilarity (model);
    return new GenericItemBasedRecommender(model, similarity);
}
```

你可能注意到，本次推荐程序的运行速度比基于用户的推荐程序要快。在物品数小于用户数的情况下，基于物品的推荐程序通常会运行得更快。实际的运行结果为 0.75，如图 2.7 所示。

score:0.7474875776731928

图 2.7　对基于物品的推荐程序评分结果

2.6　Slope-one 推荐算法

2.6.1　算法思想

基于新物品与用户评估过的物品之间的平均偏好值差异来预测用户对新物品的偏好值。如果两个物品的偏好值之间存在某种线性关系，可以通过如 $Y=mX+b$ 等线性函数，根据物品 X 的偏好值估算出物品 Y 的偏好值。Slope-one 推荐程序做了进一步简化，假设 $m=1$，即斜率为 1。现在只需确定 $b=Y-X$，即物品两两之间偏好值的(平均)差异。

预处理计算物品间的偏好值差异：
    for 每个物品 i
        for 每个其他物品 j
            for 对 i 和 j 均有偏好的每个用户 u
                将物品对(i 与 j)间的偏好值差异加入 u 的偏好
在此基础，最终推荐算法如下：

for 用户 u 未表达过偏好的每个物品 i
　　　　for 用户 u 表达过偏好的每个物品 j
　　　　　　找到 j 与 i 之间的平均偏好值差异
　　　　　　添加该差异到 u 对 j 的偏好值
　　　　　　添加其至平均值
　　return 值最高的物品(按平均差异排序)

2.6.2　Slope-one 推荐程序

　　Slope-one 的吸引力在于其算法的在线部分执行很快。不再需要用到相似性度量标准，参数调试的工作量大大减少。它仅仅依赖于物品之间偏好值的平均差异，而这些差异值可以预先计算好。当一个偏好值发生了变化，只需要更新相关的差异值。
　　本次实验程序的代码与代码清单 2.4 类似。核心代码部分如代码清单 2.6 所示。

代码清单 2.6：Slope-one 推荐程序的核心部分

```
public Recommender buildRecommender(DataModel model) throws TasteException {
    DiffStorage diffStorage = new MemoryDiffStorage(
        model, Weighting.UNWEIGHTED, Long.MAX_VALUE);
    return new SlopeOneRecommender(
        model, Weighting.UNWEIGHTED, Weighting.UNWEIGHTED, diffStorage);
}
```

　　再一次在 GroupLens 的一千万项评价的数据集上运行标准评估程序，结果如图 2.8 所示，结果为 0.67 左右，这已经是最好的了。

```
score:0.6743414544796034
```

图 2.8　Slope-one 推荐程序评估结果

3 聚类算法

聚类算法是一种无监督的归类算法,对没有类标签的数据根据一定的距离或相似度计算,自动形成若干个类簇。本章的实验从对二维空间中分布的数据点进行简单聚类为例子开始,讨论了距离或相似度测量对聚类结果的影响,然后以文本数据为对象,给出面向新闻文本数据的 k-means 聚类算法和模糊 k-means 聚类算法的实施步骤。

3.1 知识要点

3.1.1 TFIDF 权重

对于一个文件集或一个语料库,TF-IDF(Term Frequency-Inverse Document Frequency)是一种用统计方法来评估一个字词在某个文件中的重要程度。字词的重要性随着它在文件中出现的次数成正比增加,但同时会随着它在语料库中出现的频率成反比下降。

词项频率(TF),简称词频,是指一个指定的词语在该文件中出现的次数。这个数字通常会被归一化,以防止它偏向长的文件。同一个词语在长文件里可能会比短文件有更高的词频,而不管该词语重要与否。对于在某个特定文件中的词语 t_i 来说,它的词频 TF 计算公式如下:

$$tf_{i,j} = \frac{n_{i,j}}{\sum_k n_{k,j}} \quad (公式3.1)$$

公式(3.1)中分子为该词在一个文档中的出现次数,而分母则为文件中所有词的出现次数之和。

例如"苹果"一词在一条微博中出现的次数为 2,而该条微博的所有词出现的总次数为 10,则"苹果"的词频为 0.2。

逆向文档频率(Inverse Document Frequency,IDF)是指一个词普遍重要性的度量。某一特定词语的 IDF,可以由总文件数目除以包含该词语之文件的数目,再将得到的商取对数得到,计算公式如下:

$$idf_i = \log \frac{|D|}{|\{j: t_i \in d_i\}|} \quad (公式3.2)$$

公式(3.2)中分明为文档总数,分子为包含词语的文件数目。例如"苹果"一词在 1 000 条微博中出现过,而微博的总数是 10 000 000 条,则"苹果"IDF 值为 6。但是如果该词语不在语料库中,就会导致被除数为零,因此一般情况下分母使用 $1+|\{j: t_i \in d_i\}|$。

这样对一个词的权重计算公式可以表示为 TF-IDF = $tf_{i,j} \times idf_i$。上述的例子可以表述成第 N 条微博中"苹果"这个词的 TFIDF 值为 1.2。

3.1.2 向量空间模型及距离度量

在物理学中，一个向量表示一个力的方向和大小，或者像一辆汽车这样的运动物体的速度。在数学中，一个向量是空间的一个点。这两种陈述在概念上是非常相似的。在二维空间上，向量可以形象化地表示为带箭头的线段。箭头所指：代表向量的方向；线段长度：代表向量的大小。对于要聚类对象，首先必须转换成向量（它们必须是矢量化）。矢量化过程中对于不同的数据类型采用的方法也不同，总的目的是将对象表示为一个 N 维的某种形式的向量。

向量空间模型（Vector Space Model）是矢量化的文本文件的一般方法。有了上面一节介绍的 TFIDF 作为权重，我们可以计算一个语料库所有词在每个文档中的权重，然后用一个 N 维的向量来表示一个文档。N 是整个语料库中所有词语的集合（也称之为词典）大小。对于一个文档中如果某个维度没有对应的词语，则该维权重为 0。这样就可以将一个文档表示成词语的向量空间模型。在这样的情况下我们得到一个高维的向量。这个向量的长度也就是词语的个数，词典当中有多少个词语也就决定了一个文档有多少维度的数据。例如，如果"苹果"这个词是位于某个语料库词典的第三万九千九百零五个索引，则对于该语料库的某个文档，"苹果"将对应于该文档向量的第三万九千九百零五维度，该维度上的数值可以是它 TFIDF 值。

3.1.3 k-means 聚类算法

k-均值（k-means）与 k-中心点（k-Medoids）算法都属于聚类中的划分方法。划分方法是把数据集 D 当中的 n 个对象分配到 k 个簇里面去，使得误差的平方和最小。

$$E = \sum_{i=1}^{k} \sum_{p \in C_i} (d(p, c_i))^2 \qquad (公式 3.3)$$

在公式 3.3 中，p 是数据点，c_i 是簇心，比如均值或中心点。$d(p, c_i)$ 是点 p 到簇心的距离。公式中的两个累加表示求出每个簇中每个点到簇心距离的平方和。

对于给定的 k，要发现关于 k 个簇的划分使得这些划分最优化。划分准则有可能是全局最优，这需要穷举所有的划分来得到。这是个 NP 难度问题，通常不可行。更可行的选择是采用一些直觉的方法来进行划分。典型代表就是 k-均值与 k-中心点算法。

k-均值算法的基本思想是这样的，给定 k，k-均值算法按以下四个步骤来进行。

第一步，将对象划分到 k 个非空子集。

第二步，计算种子结点作为簇心，这里是计算每个子集（簇）中结点的平均值。

第三步，将每个数据对象分配到距离种子结点最近的簇。

第四步：回到第二步进行迭代，直到划分不再改变，稳定为止。

我们来看一个 k-均值算法的例子。初始数据集如图 3.1 所示。

给定 $k=2$，将所有点随机划分到两个 group 里面，如图 3.2 所示。

然后我们计算每个簇的均值作为簇心，如图 3.3 所示。

3 聚类算法

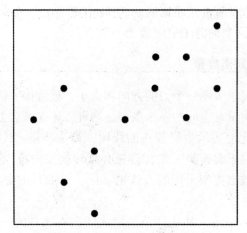

图 3.1　待聚类初始数据集

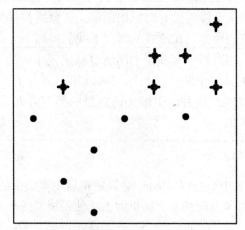

图 3.2　划分到两个 group 里面

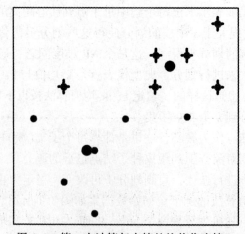

图 3.3　第一次计算每个簇的均值作为簇心

根据图 3.3 的簇心，我们重新计算每个点到簇心的距离，分配到距离最近的簇，如图 3.4 所示。

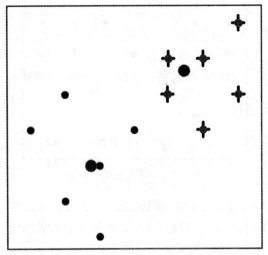

图 3.4　重新划分数据

再重新计算每个簇的簇心，结果如图 3.5 所示。

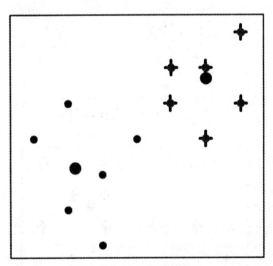

图 3.5　第二次计算簇心

接着根据第二次计算的新的簇心，再次计算每个点到簇心的距离来进行分配，如果每个点的分配并没有改变，也就是说这时候划分已经稳定，算法停止。

k-均值算法有什么优点和缺陷呢？首先我们可以看到，假定一共有 n 个数据对象，k 个簇，进行了 t 次迭代，k-均值算法的复杂度是 $O(tkn)$。因为 k 和 t，都远远小于 n，所以它的复杂度相对于其他聚类算法来说有优势。可以比较容易地在大规模数据集上运行，相对来说它是可伸缩的。

但 k-均值算法经常终止于局部最优，不能保证发现全局最优。另外，它只能处理数值型数据，并且需要用户指定 k，对噪声数据和离群点比较敏感，而且不适合发现非凸形状的簇。特别是 k-均值算法对离群点非常敏感，如果有一个离群点的值非常极端，它将会严重影响整个簇计算出来的均值。针对这个问题，有人提出不采用簇的均值来代表簇，而是用一个位居中心的实际对象来代表簇，这就是 k-中心点算法的基本思想。

3.1.4 模糊 k-means 聚类算法

模糊 k-means 聚类算法是 k-means 聚类的模糊形式。与 k-means 算法排他性聚类不同，模糊 k-means 尝试从数据集中生成有重叠的簇。在研究领域，这也叫做"模糊 k-means 算法"，可以把模糊 k-means 看做 k-means 算法的扩展。

模糊 k-means 有一个参数 m，叫做"模糊因子"。与 k-means 不同的是，模糊因子引入不是把向量分配到最近的中心，而是计算每个点到每个簇的关联度。

假设一个输入向量 V，到 k 个簇的距离分别为 $d_1, d_2, \cdots d_k$。向量 V 到第一簇的关联度计算如公式 3.4 所示。公式表达的意思是如果越接近该向量簇中心，就会得到更高的权重。

$$u_i = \frac{1}{\left(\frac{d_1}{d_1}\right)^{\frac{2}{m-1}} + \left(\frac{d_1}{d_2}\right)^{\frac{2}{m-1}} + \cdots + \left(\frac{d_1}{d_k}\right)^{\frac{2}{m-1}}} \qquad (公式3.4)$$

3.2 聚类示例

3.2.1 生成输入数据

为 Mahout 聚类算法输入数据的过程有三个步骤：
1）预处理数据；
2）使用数据生成向量；
3）以一种特殊的二进制格式存储，也称 SequenceFile 格式。

对于点（point）而言，不需要做预处理，因为它们已经是二维平面的向量，只需要转换为 Mahout 的 Vector 类。输入样本如清单 3.1 所示。

代码清单 3.1：聚类示例输入样本

(1，1)
(2，1)
(1，2)
(2，2)

(3，3)
(8，8)
(8，9)
(9，8)
(9，9)

代码清单 3.1 输入的数据样本，将其画在 x-y 平面上，可清晰地分出两个簇，如图 3.6 所示。一个簇包含平面上一个区域的 5 个点，另一个包含另一个区域的 4 个点。

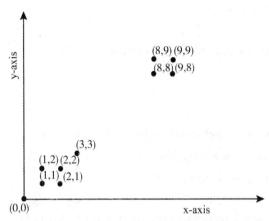

图 3.6　在 x-y 平面显示代码清单 3.1 的输入数据点

3.2.2　使用 Mahout 聚类

这个示例中，使用 k-means 聚类算法，取如下输入参数。
◇ 包含输入向量的 SequenceFile；
◇ 包含初始聚类中心点的 SequenceFile；
◇ 所用的相似性度量；
◇ convergenceThreshold（阈值）。如果在某次迭代中，簇中心的变化没有超过这个阈值，则不再进入下一次迭代；
◇ 迭代次数；
◇ 输入文件中使用的 Vector 实现。

为了显示 k-means 对于簇中心的纠错性质，本实例选择(1，1)和(2，1)分别为两个簇中心。下面清单中的代码以 in-memory 模式使用 Mahout 的 k-means，对平面上点的集合进行聚类。

代码清单 3.2：聚类示例

public static final double [ ][ ] *points* = { {1, 1}, {2, 1}, {1, 2},
　　　　　　　　　　　　　　　　　　　　{2, 2}, {3, 3}, {8, 8},

```java
                              {9, 8}, {8, 9}, {9, 9}};
public static void writePointsToFile(List<Vector> points, String fileName, FileSystem fs,
                            Configurationconf) throws IOException {
    Path path = new Path(fileName);
    SequenceFile.Writer writer = new SequenceFile.Writer(fs, conf,
          path, LongWritable.class, VectorWritable.class);
    long recNum = 0;
    VectorWritable vec = new VectorWritable();
    for (Vector point : points) {
      vec.set(point);
      writer.append(new LongWritable(recNum++), vec);
    }
    writer.close();
}
public static List<Vector> getPoints(double [][] raw) {
    List<Vector>points = new ArrayList<Vector>();
    for (int i = 0; i < raw.length; i++) {
      double [] fr = raw[i];
      Vector vec = new RandomAccessSparseVector(fr.length);
      vec.assign(fr);
      points.add(vec);
    }
    return points;
}
public static void main(String args[]) throws Exception {
    int k = 2;
    List<Vector>vectors = getPoints(points);
    File testData = new File("testdata");
    if (! testData.exists()) {
      testData.mkdir();
    }
    testData = new File("testdata/points");
    if (! testData.exists()) {
      testData.mkdir();
    }
    Configuration conf = new Configuration();
    FileSystem fs = FileSystem.get(conf);
```

writePointsToFile(vectors,"testdata/points/file1",fs,conf);
Path path = new Path("testdata/clusters/part-00000");
SequenceFile.Writer writer = new SequenceFile.Writer(fs,conf,
    path,Text.class,Cluster.class);
for(int i = 0; i < k; i++) {
  Vector vec = vectors.get(i);
  Cluster cluster = new Cluster(vec, i, new TanimotoDistanceMeasure());
  writer.append(new Text(cluster.getIdentifier()), cluster);
}
writer.close();
KMeansDriver.*run*(conf, new Path("testdata/points"), new Path("testdata/clusters"),
    new Path("output"), new TanimotoDistanceMeasure(), 0.001, 10,
    true, false);
SequenceFile.Reader reader = new SequenceFile.Reader(fs,
    new Path("output/" + Cluster.*CLUSTERED_POINTS_DIR*
        +"/part-m-00000"), conf);
IntWritable key = new IntWritable();
WeightedVectorWritable value = new WeightedPropertyVectorWritable();
while (reader.next(key, value)) {
  System.*out*.println(value.toString() + " belongs to cluster "
                    +key.toString());
}
reader.close();
}

使用 IDE 编译并运行，确保所有 Mahout 依赖的 JAR 文件都在 classpath 中。运行结果如图 3.7 所示，与目测分类结果一致。聚类过程中，还在项目目录下生成对应的文件夹，如图 3.8 所示。

```
wt: 1.0distance: 0.2622950819672132  vec: [1.000, 1.000] belongs to cluster 0
wt: 1.0distance: 0.11184210526315785  vec: [2.000, 1.000] belongs to cluster 0
wt: 1.0distance: 0.11184210526315785  vec: [1.000, 2.000] belongs to cluster 0
wt: 1.0distance: 0.01098901098901095  vec: [2.000, 2.000] belongs to cluster 0
wt: 1.0distance: 0.21052631578947356  vec: [3.000, 3.000] belongs to cluster 0
wt: 1.0distance: 0.00366300366300365  vec: [8.000, 8.000] belongs to cluster 1
wt: 1.0distance: 0.0034482758620689724  vec: [9.000, 8.000] belongs to cluster 1
wt: 1.0distance: 0.0034482758620689724  vec: [8.000, 9.000] belongs to cluster 1
wt: 1.0distance: 0.0032573289902280145  vec: [9.000, 9.000] belongs to cluster 1
```

图 3.7 聚类示例结果

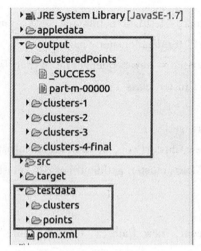

图 3.8 聚类结果存储文件

3.3 使用各种距离度量

Mahout 聚类的实现是可以灵活配置的，它足以胜任几乎所有的聚类问题，但是关键问题在于，到底哪种配置才是最优的？一个核心因素就是距离测度的选择。

3.3.1 欧氏距离测度

欧氏距离是所有距离测度中最为简单的。它最直观且符合我们通常对距离的理解。其值为各维度坐标差的平方和开平方。实现这个度量的 Mahout 类为 EuclideanDistanceMeasure。替换代码清单 3.2 中的聚类实现即可，输出结果如图 3.9 所示。

```
wt: 1.0distance: 1.13137084989984762   vec: [1.000, 1.000] belongs to cluster 0
wt: 1.0distance: 0.8246211251235319    vec: [2.000, 1.000] belongs to cluster 0
wt: 1.0distance: 0.8246211251235319    vec: [1.000, 2.000] belongs to cluster 0
wt: 1.0distance: 0.2828427124746191    vec: [2.000, 2.000] belongs to cluster 0
wt: 1.0distance: 1.6970562748477138    vec: [3.000, 3.000] belongs to cluster 0
wt: 1.0distance: 0.7071067811865476    vec: [8.000, 8.000] belongs to cluster 1
wt: 1.0distance: 0.7071067811865476    vec: [9.000, 8.000] belongs to cluster 1
wt: 1.0distance: 0.7071067811865476    vec: [8.000, 9.000] belongs to cluster 1
wt: 1.0distance: 0.7071067811865476    vec: [9.000, 9.000] belongs to cluster 1
```

图 3.9 欧氏距离测度聚类结果

3.3.2 平方欧氏距离测度

正如名称所示，其值为欧氏距离平方。实现这个度量的 Mahout 类为 SquaredEuclideanDistanceMeasure。替换代码清单 3.2 中的聚类实现即可，输出结果如图 3.10 所示。

```
wt: 1.0distance: 1.2800000000000002  vec: [1.000, 1.000] belongs to cluster 0
wt: 1.0distance: 0.6799999999999997  vec: [2.000, 1.000] belongs to cluster 0
wt: 1.0distance: 0.6799999999999997  vec: [1.000, 2.000] belongs to cluster 0
wt: 1.0distance: 0.08000000000000007  vec: [2.000, 2.000] belongs to cluster 0
wt: 1.0distance: 2.8799999999999999  vec: [3.000, 3.000] belongs to cluster 0
wt: 1.0distance: 0.5  vec: [8.000, 8.000] belongs to cluster 1
wt: 1.0distance: 0.5  vec: [9.000, 8.000] belongs to cluster 1
wt: 1.0distance: 0.5  vec: [8.000, 9.000] belongs to cluster 1
wt: 1.0distance: 0.5  vec: [9.000, 9.000] belongs to cluster 1
```

图 3.10　平方欧氏距离测度聚类结果

3.3.3　曼哈顿距离测度

不同于欧氏距离，在曼哈顿距离测度中，两个点之间的距离是它们坐标差的绝对值之和。这个距离测度的名字取自呈网格状的曼哈顿街区。纽约人都知道，你不能直接穿越建筑从第 2 大道第 2 街区走到第 6 大道第 6 街区，实际步行距离为 4 个街区再加 4 个街区。实现这个度量的 Mahout 类为 ManhattanDistanceMeasure。替换代码清单 3.2 中的聚类实现即可，输出结果如图 3.11 所示。

```
wt: 1.0distance: 1.6  vec: [1.000, 1.000] belongs to cluster 0
wt: 1.0distance: 1.0  vec: [2.000, 1.000] belongs to cluster 0
wt: 1.0distance: 1.0  vec: [1.000, 2.000] belongs to cluster 0
wt: 1.0distance: 0.3999999999999999  vec: [2.000, 2.000] belongs to cluster 0
wt: 1.0distance: 2.4  vec: [3.000, 3.000] belongs to cluster 0
wt: 1.0distance: 1.0  vec: [8.000, 8.000] belongs to cluster 1
wt: 1.0distance: 1.0  vec: [9.000, 8.000] belongs to cluster 1
wt: 1.0distance: 1.0  vec: [8.000, 9.000] belongs to cluster 1
wt: 1.0distance: 1.0  vec: [9.000, 9.000] belongs to cluster 1
```

图 3.11　曼哈顿距离测度聚类结果

3.3.4　余弦距离测度

余弦距离测度需要我们将这些点视为从原点指向它们的向量。随着夹角变小，余弦值接近 1，随着夹角变大，余弦值减小。该公式用 1 减去余弦值，0 表示距离最近，值越大表示距离越远。实现这个度量的 Mahout 类为 CosineDistanceMeasure。替换代码清单 3.2 中的聚类实现即可，输出结果如图 3.12 所示。

```
wt: 1.0distance: 7.25715738101318E-5  vec: [1.000, 1.000] belongs to cluster 0
wt: 1.0distance: 2.220446049250313E-16  vec: [2.000, 1.000] belongs to cluster 1
wt: 1.0distance: 0.047575852800676  vec: [1.000, 2.000] belongs to cluster 0
wt: 1.0distance: 7.25715738101318E-5  vec: [2.000, 2.000] belongs to cluster 0
wt: 1.0distance: 7.25715738101318E-5  vec: [3.000, 3.000] belongs to cluster 0
wt: 1.0distance: 7.25715738101318E-5  vec: [8.000, 8.000] belongs to cluster 0
wt: 1.0distance: 0.0025055160637683.65  vec: [9.000, 8.000] belongs to cluster 0
wt: 1.0distance: 0.0010906302709510207  vec: [8.000, 9.000] belongs to cluster 0
wt: 1.0distance: 7.25715738101318E-5  vec: [9.000, 9.000] belongs to cluster 0
```

图 3.12　余弦距离测度聚类结果

3.3.5　谷本距离测度

谷本距离测度，也称为"Jaccard 距离测度"，可以同时表现点与点之间的夹角和相对距离信息。实现这个度量的 Mahout 类为 TanimotoDistanceMeasure。输出结果如图 3.7 所示。

3.4 数据向量化表示

3.4.1 将数据转换为向量

在 Mahout 中，向量被实现为三个不同的类，每个类都是针对不同场景优化的：
- DenseVector 可被视为一个 double 型的数组，其大小为数据中的特征个数。为数据中的所有元素都分配的空间，称为密集的(dense)。
- RandomAccessSparseVector 实现为 integer 型和 double 型之间的一个 HashMap，只有非零元素被分配空间，这类向量称为"稀疏向量"。
- SequentialAccessSparseVector 实现为两个并列的数组，一个是 integer 型，另一个是 double 型。其中只保留了非零元素，与面向随机访问的 RandomAccessSparseVector 的区别在于它是顺序读取而优化的。

对象需要被转换为一个向量，其维度数与对象的特征个数相同。比如，对一堆苹果进行聚类，将重量(weight)作为特征(维度)0、颜色(color)为 1 而大小(size)为 2。由于向量需要量化，重量可用克或千克测量；将苹果的大、中、小分别用 3、2、1 表示；颜色的话可用颜色的波长(400~650nm)表示。

运行代码清单 3.3 可将苹果生成向量。

代码清单 3.3：为各种苹果生成向量

```
List<NamedVector>apples = new ArrayList<NamedVector>();
NamedVector apple;
apple = new NamedVector(
    new DenseVector(new double [] {0.11, 510, 1}),
    "Small round green apple");
apples.add(apple);
apple = new NamedVector(
    new DenseVector(new double [] {0.23, 650, 3}),
    "Large oval red apple");
apples.add(apple);
apple = new NamedVector(
    new DenseVector(new double [] {0.09, 630, 1}),
    "Small elongated red apple");
apples.add(apple);
apple = new NamedVector(
    new DenseVector(new double [] {0.25, 590, 3}),
    "Large round yellow apple");
```

```
apples.add(apple);
apple = new NamedVector(
    new DenseVector(new double[]{0.18, 520, 2}),
        "Medium oval green apple");
apples.add(apple);

Configuration conf = new Configuration();
FileSystem fs = FileSystem.get(conf);

Path path = new Path("appledata/apples");
SequenceFile.Writer writer = new SequenceFile.Writer(fs, conf,
    path, Text.class, VectorWritable.class);
VectorWritable vec = new VectorWritable();
for (NamedVector vector : apples) {
    vec.set(vector);
    writer.append(new Text(vector.getName()), vec);
}
writer.close();

SequenceFile.Reader reader = new SequenceFile.Reader(fs,
    new Path("appledata/apples"), conf);

Text key = new Text();
VectorWritable value = new VectorWritable();
while (reader.next(key, value)) {
    System.out.println(key.toString() + " " + value.get().asFormatString());
}
reader.close();
```

本示例的结果如图 3.13 所示，同时在项目的目录下生成一个序列化存储向量数据的文件，如图 3.14 所示。

```
Small round green apple Small round green apple:{0:0.11,1:510.0,2:1.0}
Large oval red apple Large oval red apple:{0:0.23,1:650.0,2:3.0}
Small elongated red apple Small elongated red apple:{0:0.09,1:630.0,2:1.0}
Large round yellow apple Large round yellow apple:{0:0.25,1:590.0,2:3.0}
Medium oval green apple Medium oval green apple:{0:0.18,1:520.0,2:2.0}
```

图 3.13　向量数据

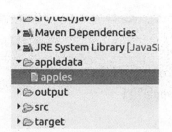

图 3.14　序列化存储向量数据的文件

3.4.2　从文档中生成向量

在这个例子中，我们使用 Reuters-21578 新闻数据集（可在 http：//www.daviddlewis.com/resources/testcollections/reuters21578/下载）。数据集文件为 SGML 格式，类似于 XML。可以为 SGML 文件创建一个解析器，把文档 ID 和文档文本写入 SequenceFiles 中，并使用 SparseVectorsFromSequenceFiles 将它们转换为向量。具体步骤如下：

1）搭建好 Mahout+Hadoop（单机伪分布式）环境，启动 hadoop 服务，命令如下，输出如图 3.15 所示：

$ cd /opt/Hadoop-1.2.1/bin　　#进入 hadoop 的 bin 路径

$ ./start-all.sh

$ jps

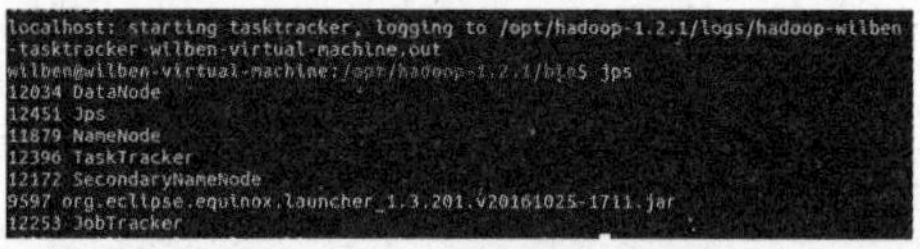

图 3.15　hadoop 服务启动成功

2）执行 Mahout 下 examples 的 build-reuters.sh 脚本，选择 1. kmeans clustering 自动把数据集下载、解压、解析、转换等操作完成，命令如下，运行截图如图 3.16 和图 3.17 所示。

$ cd /opt/mahout-distribution-0.6/examples/bin

$ ./build-reuters.sh

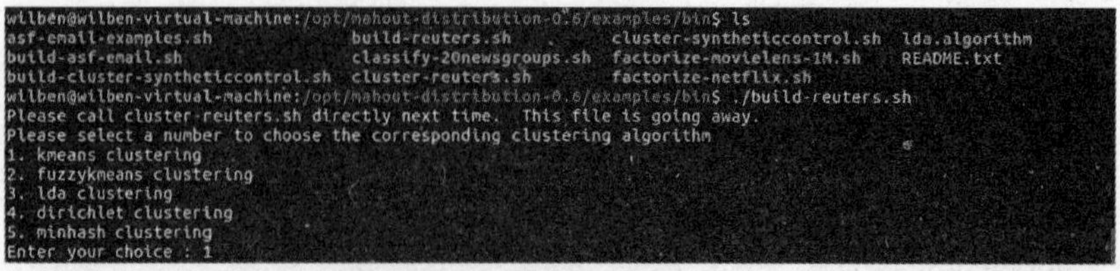

图 3.16　执行聚类脚本

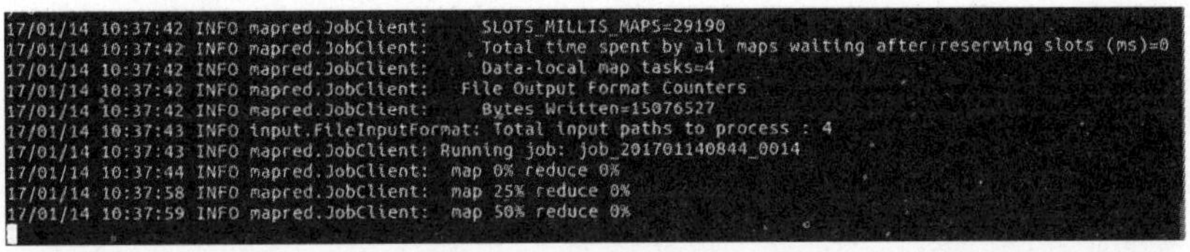

图 3.17 聚类过程

3) 从 Hadoop 的 HDFS 中查看脚本所生成的目录。如图 3.18 所示。
$ hadoop fs -ls /tmp/mahout-work-wilben/reuters-out-seqdir-sparse-kmeans

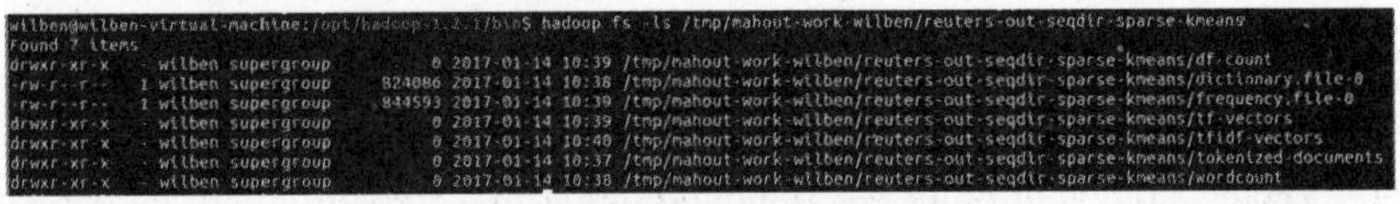

图 3.18 聚类脚本生成的目录结构

3.5 k-means 新闻聚类

k-means 聚类算法可以通过 KMeansClusterer 或 KMeansDriver 类运行。前者以 in-memory 方式对数据点进行聚类,而后者则可以用于启动一个 MapReduce 作业来执行 k-means。

3.5.1 内存 k-means 聚类

使用一个随机数据点生成器,产生 Vector 形式的数据点,这些点以制定中心呈正态分布。比如以(1,1)为中心、标准差为(3)以及在中心附近呈正态分布的 $n(400)$ 个随机点集合。类似的,还要生成另外两个点集,中心分别是(1,0)和(0,2),相应的标准差分别为 0.5 和 0.1。

参数如下:
1) 输入点为 List<Vector>格式;
2) DistanceMeasure 是 EuclideanDistanceMeasure;
3) 收敛阈值为 0.01;
4) 簇个数 k 为 3;
5) 初始中心由 RandomPointsUtil 选定。
代码清单如下。

代码清单 3.4:内存中执行 k-means 聚类算法示例

```
public static void generateSamples(List<Vector> vectors, int num,
    double mx, double my, double sd) {
    for (int i = 0; i < num; i++) {
```

```java
        vectors.add(new DenseVector(new double[]{
            UncommonDistributions.rNorm(mx, sd),
            UncommonDistributions.rNorm(my, sd)}));
    }
}

public static void main(String[] args){
    List<Vector>sampleData = new ArrayList<Vector>();
    RandomPointsUtil.generateSamples(sampleData, 400, 1, 1, 3);
    RandomPointsUtil.generateSamples(sampleData, 300, 1, 0, 0.5);
    RandomPointsUtil.generateSamples(sampleData, 300, 0, 2, 0.1);
    int k = 3;
    List<Vector> randomPoints = RandomPointsUtil.chooseRandomPoints(sampleData, k);
    List<Cluster>clusters = new ArrayList<Cluster>();
    int clusterId = 0;
    for(Vector v : randomPoints){
        clusters.add(new Cluster(v, clusterId++, new EuclideanDistanceMeasure()));
    }
    List<List<Cluster>>finalClusters = KMeansClusterer.clusterPoints(
        sampleData, clusters, new EuclideanDistanceMeasure(), 3, 0.01);
    for(Cluster cluster : finalClusters.get(finalClusters.size() - 1)){
        System.out.println("Cluster id: " + cluster.getId() + " center: "
            + cluster.getCenter().asFormatString());
    }
}
```

本示例运行结果如图 3.19 所示。

```
Cluster id: 0 center: {0:2.966094122981563,1:3.510428093394217}
Cluster id: 1 center: {0:1.317461409805839,1:-0.6506628193945506}
Cluster id: 2 center: {0:-0.6034773646430455,1:1.9201136771239604}
```

图 3.19 内存中运行 k-means 结果

3.5.2 Hadoop 下的 k-means 新闻文本聚类

使用 3.4.2 为 Reuters-21578 新闻集生成向量，在此基础上运行 k-means 聚类。执行步骤：

1. 将 HDFS 中生成的向量复制到本地，命令如下：
$ hadoop fs -get /tmp/mahout-work-wilben/reuters-out-sparse-kmeans \
/tmp/

3.5 k-means 新闻聚类

```
$ sudo mv /tmp/mahout-work-wilben/ /usr/local/
```

注：从 HDFS 复制到本地的/tmp 中，需要移动到别的路径，不然重启系统文件会丢失。

2. 在 Eclipse 中将 KMeansClustering 打包为可执行 JAR 包，代码如下，操作流程如图 3.20 所示。

代码清单 3.5：k-means 聚类对新闻进行聚类

```java
String inputDir = "/usr/local/mahout-work-wilben/reuters-out-seqdir-sparse-kmeans";
int k = 25;
Configuration conf = new Configuration();
FileSystem fs = FileSystem.get(conf);
String vectorsFolder = inputDir + "/tfidf-vectors";
SequenceFile.Reader reader = new SequenceFile.Reader(fs, new Path(vectorsFolder + "/part-r-00000"), conf);
List<Vector>points = new ArrayList<Vector>();
Textkey = new Text();
VectorWritable value = new VectorWritable();
while(reader.next(key, value)){
    points.add(value.get());
}
System.out.println("points.size:"+points.size());
reader.close();
List<Vector>randomPoints = RandomPointsUtil.chooseRandomPoints(points, k);
List<Cluster>clusters = new ArrayList<Cluster>();
System.out.println("randomPoints.size:"+randomPoints.size());
int clusterId = 0;
for(Vector v : randomPoints){
    clusters.add(new Cluster(v, clusterId++, new CosineDistanceMeasure()));
}
List<List<Cluster>>finalClusters = KMeansClusterer.clusterPoints(points, clusters,
    new CosineDistanceMeasure(), 10, 0.01);
for(Cluster cluster : finalClusters.get(finalClusters.size() - 1)){
    System.out.println("Cluster id: " + cluster.getId() + " center: "
                        +cluster.getCenter().asFormatString());
    System.out.println("--------------------------------------------------");
```

3 聚类算法

图 3.20　Eclipse 导出可执行 Jar

3. 运行 JAR 包中的聚类程序。输出结果如图 3.21 和图 3.22 所示。

图 3.21　k-means 新闻聚类结果 1

图 3.22　k-means 新闻聚类结果 2

3.6　模糊 k-means 新闻聚类

模糊 k-means 算法比标准 k-means 算法收敛得更好、更快。如果允许簇之间有部分重叠，那么相关新闻文章的功能显示会更丰富。重叠的分值有助于我们获得相关新闻文章和簇的相关性，进而对它们进行排序。

3.6.1　内存模糊 k-means 聚类

与 3.5.1 内存 k-means 聚类类似，只需替换代码清单 3.4 后面的代码即可。

代码清单 3.6：in-memory 形式的模糊 k-means 聚类示例部分代码

```
List<SoftCluster> clusters = new ArrayList<SoftCluster>();
int clusterId = 0;
```

```
for (Vector v : randomPoints) {
    clusters.add(new SoftCluster(v, clusterId++, new EuclideanDistanceMeasure()));
}

List<List<SoftCluster>> finalClusters = FuzzyKMeansClusterer
        .clusterPoints(sampleData, clusters,
            new EuclideanDistanceMeasure(), 0.01, 3, 10);
for (SoftCluster cluster : finalClusters.get(finalClusters.size() - 1)) {
    System.out.println("Fuzzy Cluster id: " + cluster.getId()
            + " center: " + cluster.getCenter().asFormatString());
}
```

本示例的运行结果如图 3.23 所示。

```
Fuzzy Cluster id: 0 center: {0:1.4508671978056147,1:0.611472780696142}
Fuzzy Cluster id: 1 center: {0:0.010899775546793097,1:2.0246444279020577}
Fuzzy Cluster id: 2 center: {0:1.0228208958511222,1:-0.2936502547757782}
```

图 3.23　内存形式模糊 k-means 聚类示例结果

3.6.2　Hadoop 下的模糊 k-means 新闻文本聚类

执行步骤与 3.5.2 的 k-means 新闻聚类类似，只需替换代码清单 3.5 后面的代码即可。

代码清单 3.7：模糊 k-means 聚类对新闻进行聚类部分代码

```
List<SoftCluster> clusters = new ArrayList<SoftCluster>();
System.out.println("randomPoints.size:"+randomPoints.size());
int clusterId = 0;
for (Vector v : randomPoints) {
    clusters.add(new SoftCluster(v, clusterId++, new CosineDistanceMeasure()));
}

List<List<SoftCluster>> finalClusters = FuzzyKMeansClusterer.clusterPoints(points, clusters,
        new CosineDistanceMeasure(), 0.01, 3, 10);
for (SoftCluster cluster : finalClusters.get(finalClusters.size() - 1)) {
    System.out.println("Cluster id: " + cluster.getId() + " center: "
            +cluster.getCenter().asFormatString());
    System.out.println("-------------------------------------------------");
}
```

运行结果如图 3.24 所示。

```
wilben@wilben-virtual-machine:/$ cd /usr/local/runnable jar/
wilben@wilben-virtual-machine:/usr/local/runnable jar$ java -jar FuzzyKMeansClustering.jar
points.size:21578
randomPoints.size:25
```

图 3.24 模糊 k-means 新闻聚类结果

4 分 类 算 法

分类算法是数据挖掘中常用的方法之一,也称为"监督学习算法"。本章首先介绍分类算法通用的基本流程,然后介绍了包括最邻近分类器、逻辑回归、支持向量机(SVM)、朴素贝叶斯、决策树、随机森林和人工神经网络7个常用分类算法的基本思想。最后以新闻分类为主要例子,逐步给出了 Mahout 中进行实验的步骤。

4.1 知识要点

4.1.1 分类算法基本流程

我们在第1章中讲到分类是一个两阶段过程,包括模型构建和模型使用两个步骤。我们来看一个例子。现在有6条训练数据集,如图4.1所示,分别包括姓名(NAME)、职称(RANK)和工作年限(YEARS)三个输入变量以及分类模型的输出对是不是终身教职(TENURED)的判断结果,yes 或者 no。

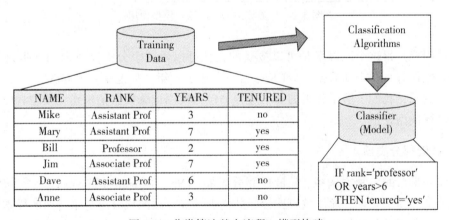

图 4.1 分类算法基本流程:模型构建

在模型构建阶段,通过对训练数据集进行学习,可能会得到这样的一个分类器:如果职称是教授,或者工作年限大于6年,那么就会获得终身教职(yes),否则就是 no。这个分类器是基于分类规则的,我们可以看到,这条分类规则是符合训练数据集的。比如,Mike 是助理教授,工作年限也只有3年,那这个规则的条件为假,所以他的 tenured 就是 no,没有终身教职。而 Mary 也是助理教授,但她的工作年限是7年,满足了工作年限大于 6，那么分类规则的条件判断为真，所以她的 tenured 是 yes，有终身教职。

构建好这个分类模型以后，就可以使用这个模型进行预测了。在用于实际应用的预测任务之前，先用测试数据集对模型的准确率进行评估。这里有四条测试数据集，如图 4.2 所示。对于第一条测试数据，输入变量包括助理教授，工作两年，根据前面的分类模型（这个例子中是分类规则），可以判断"不是终身教职（no）"，与测试数据中的真实结果匹配。对于第二条数据，输入变量包括副教授，工作 7 年，根据前面的分类模型，可以判断"是终身教职（yes）"，但是测试数据中的真实结果为"不是终身教授（no）"。也就是说我们建立的分类模型对于第二条数据的判断结果是错误的。依此类推，前面建立的分类模型正确判断了第三条和第四条测试数据的结果。这样在四条测试数据中分类模型正确判断了三条，它的分类准确率为 75%。

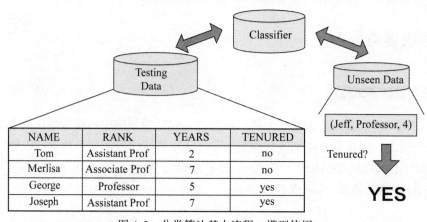

图 4.2　分类算法基本流程：模型使用

如果用户觉得这个准确率是可以接受的，就可以用这个分类器对未知数据进行预测了。例如现在有一条未知数据，Jeff 是教授，工作了 4 年，那他是否 tenured？答案是 yes。通过这个例子，我们了解了分类的基本过程，包括使用训练数据集来建立模型和使用测试数据集进行模型评估。

4.1.2　最近邻分类器

在监督学习的各种方法中，k 最近邻分类器（kNN，k-NearestNeighbor）在实际应用中表现出简单、易于实现、通用效果比较好的优点。该方法的核心思想是类似的样本应该归为同一类。所谓的 k 最邻近是指 k 个最近的邻居，这里的最近一般用相似性来度量，可以采用第 2 章提到的相似度计算公式，比如欧氏距离和余弦相似度等都可以使用。

构建 k 最近邻分类器的时候，首先需要在特定类型数据的基础上选择一个合适的相似度计算公式。然后从训练数据中找到和一个测试数据在特征空间上最邻近（最相似）的 k 个样本。这 k 个最邻近样本中的大多数属于某一个类别，则该测试数据也属于这个类别。请注意 k 是一个可选择的常数。k 的最佳取值取决于具体的数据，一般来说较大的 k 值将会削弱噪音数据对分类结果的影响，同时使得不同类的界限更为接近。

为了使分类器更适合于实际应用，加入权重信息可以有助于提高分类的准确度。比如对带有类标签的训练数据，可以使用测试数据和训练数据的相似度来计算权值，得分最高的训练样本的类标签将会被分配给该测试数据。k 最近邻分类器的主要优点是无需估计参数和无需训练。主要缺点是计算时间较长、存储空间消耗较多、可理解性差。

4.1.3 逻辑回归分类算法

回归是一种极易理解的模型，可以相当于 $y=f(x)$，表明自变量 x 与因变量 y 的关系。最常见问题如医生治病时的望、闻、问、切，之后判定病人是否生病或生了什么病。其中的望、闻、问、切就是获取自变量 x，即特征数据，判断是否生病就相当于获取因变量 y，即预测分类。

最简单的回归是线性回归，如图 4.3 所示，x 为数据点，表示肿瘤的大小，y 为观测值，表示是否恶性肿瘤。通过构建线性回归模型，比如用 $h\theta(x)$ 表示，可以根据肿瘤大小，预测是否为恶性肿瘤，$h\theta(x) \geq .05$ 为恶性，$h\theta(x) < 0.5$ 为良性。

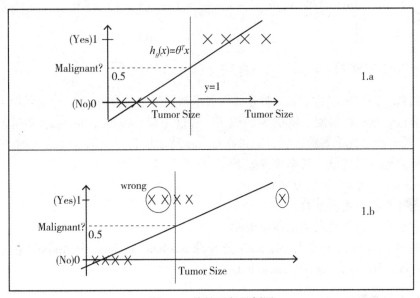

图 4.3 线性回归示例图

逻辑回归在线性回归的基础上，套用了一个逻辑函数，比如 sigmod function，对应的函数曲线如图 4.4 所示。从图中可以看到 sigmod 函数是一个 s 形的曲线，它的取值为 [0, 1]，在远离 0 的地方函数的值会很快接近 0/1。这个性质使我们能够以概率的方式来解释。

对于多元逻辑回归，可用如下公式，其中公式 4.2 的变换，将在逻辑回归模型参数估计时，化简公式带来很多益处，$y = \{0, 1\}$ 为分类结果。

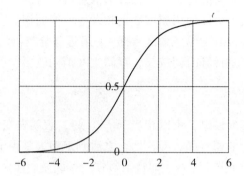

图 4.4　Sigmoid function

$$\begin{cases} p(y=1 \mid x, \theta) = \dfrac{1}{1+e^{-\theta^T x}} & \text{（公式 4.1）} \\ \begin{aligned} p(y=0 \mid x, \theta) &= \dfrac{1}{1+e^{-\theta^T x}} = 1 - p(y=1 \mid x, \theta) \\ &= p(y=1 \mid x, -\theta) \end{aligned} & \text{（公式 4.2）} \end{cases}$$

令：$h_\theta(x) = g(\theta^T x) = \dfrac{1}{1+e^{-\theta^T x}}$；$g(z) = \dfrac{1}{1+e^z}$

模型的数学形式确定后，剩下就是如何去求解模型中的参数。对于该优化问题，存在多种求解方法，这里以梯度下降的为例说明。梯度下降(gradient descent)又叫做"最速梯度下降"，是一种迭代求解的方法，通过在每一步选取使目标函数变化最快的一个方向调整参数的值来逼近最优值。基本步骤如下：

- 选择下降方向(梯度方向)；
- 选择步长，更新参数；
- 重复以上两步直到满足终止条件。

详细的过程和解释请参看 Stamford 公开课 machine learning 中 Andrew 老师的讲解。(https：//class.coursera.org/ml/class/index)

4.1.4　SVM 分类算法

支持向量机(support vector machine)是一种分类算法，通过寻求结构化风险最小来提高学习机泛化能力，实现经验风险和置信范围的最小化，从而达到在统计样本量较少的情况下，亦能获得良好统计规律的目的。通俗来讲，它是一种二类分类模型，其基本模型定义为特征空间上间隔最大的线性分类器。即支持向量机的学习策略便是间隔最大化，最终可转化为一个凸二次规划问题的求解。

低维空间向量集通常难以划分，解决的方法是将它们映射到高维空间。但这个办法带来的困难就是计算复杂度的增加，而核函数正好巧妙地解决了这个问题。也就是说，只要选用适当的核函数，就可以得到高维空间的分类函数。在 SVM 理论中，采用不同的核函数将导致不同的 SVM 算法。

支持向量机要做的事情就是在 n 维空间中找到一个 n-1 维的超平面将所有的样本得到最好的分类结果。比如左边就是在一个坐标平面（二维）中找到一条直线（一维）来将所有样本得到最好的分类结果，如图 4.5 所示。

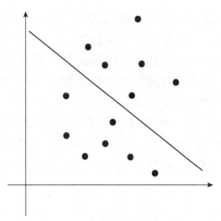

图 4.5　SVM 分类示意图

4.1.5　朴素贝叶斯分类算法

贝叶斯分类是统计学分类方法，它可以用来预测某个对象隶属某类的概率。贝叶斯分类基于贝叶斯定理，在假定属性影响独立的情况下，被称为"朴素贝叶斯分类"。

尽管朴素贝叶斯分类从数学模型上来说并不复杂，但它的性能比较不错，和决策树、神经网络的效果相当。同时它还可以进行增量计算，也就是增加或减少一些样本的话可以动态调整，而不用全部重新计算。因此常常将朴素贝叶斯分类作为分类研究中的一个基准算法来进行比较。

假设 X 是数据样本，类标签未知，但可以得到 X 的属性测量值。分类则看成某种假设 H，例如数据样本 X 属于类 C。那么分类问题就变成了给定观测到的 X 的属性值，求 $P(H|X)$（条件 X 下，H 的后验概率）。

这里 $P(H|X)$ 是后验概率，即条件 X 下，H 的后验概率。而 $P(H)$ 是先验概率，比如顾客 X 将购买电脑，这时不考虑他的年龄、收入等。$P(X)$ 是样本数据中观察到的概率。$P(X|H)$ 则是对于条件 H 下，X 的后验概率。比如已知顾客 X 将购买电脑，那 X 年龄为 31 到 40 岁、中等收入的概率。

给定训练数据集 X，分类假设 H，分类需要求的条件 X 下，H 的后验概率，遵循贝叶斯定理，如公式 4.3 所示，也就是条件 X 下，H 的后验概率等于条件 H 下，X 的后验概率乘以 H 的先验概率除以 X 的先验概率。

$$P(H|X) = \frac{P(X|H)P(H)}{P(X)} = P(X|H) \times P(H)/P(X) \qquad (公式 4.3)$$

我们可以用公式 4.3 求出样本 X 属于每个类的后验概率，然后选择值最高的类作为预测结果，也就是选择具有最高后验概率的类作为预测结果。朴素贝叶斯分类的优点是很容易实施,而且大部分情况下效果也不错。缺点就是它是基于属性条件独立的假设,而现实中这个假设很可能不成立,这种情况下来就需要用贝叶斯信念网络。

4.1.6 决策树

决策树分类是常用和有效的监督学习算法之一。决策树的优点是可以代表规则,这样能很容易被人们理解。当进行一些监督学习任务时,用户可能没有必要探索模型是如何工作的内在原因和机制。然而对于一些任务,例如制造,营销等,了解如何做出决策的原因也是一个重要的组成部分,这可以被该领域的专家使用以建构更加有效和高效的系统。

决策树分类器是以一个树形结构来表示的(即图4.6),其中每个节点为两种类型。一种是叶节点,它代表了类别。另一种是中间节点(或者所谓的决策节点),表示一个属性上的测试,中间节点上的测试会分支。当使用模型进行分类的时候,需要从根节点开始寻找并根据中间节点的测试结果向下移动。最后我们可以到达一个叶节点,该叶节点介绍了某测试数据的类别。

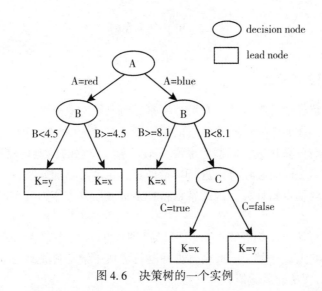

图4.6 决策树的一个实例

决策树分类的想法是基于一种典型的归纳法。决策树有如下一些基本的要求。

(1)属性值可以描述。样本是被一组属性代表的。如果数据空间是连续的,需要转换成离散的数值。

(2)预定义和离散的类。我们需要训练数据的类别建立决策树,应该很容易判断一个样本是否属于某个类。

(3)充足的训练数据。大量的训练数据要倾向于构建一棵决策树。

目前有很多的算法都被用来构建决策树,大部分的核心思想是在可能的决策树空间上采用自上而下和贪婪的算法。ID3算法可以看做第一种决策树算法,是基于概念学习系统的想法(CLS)。在ID3算法的基础上发展起来的有著名的C4.5算法。

4.1.7 随机森林分类算法

随机森林分类的过程就是对于每个随机产生的决策树分类器，输入特征向量，森林中每棵决策树对样本进行分类，根据每个树的权重得到最后的分类结果。也可以看看哪一类被选择得最多，就预测这个样本为哪一类。所有的决策树训练都是使用同样的参数，但是训练集是不同的，可以随机选择。

设有 N 个样本，每个样本有 M 个 features，决策树们其实都是随机地接受 n 个样本（对行随机取样）的 m 个 feature（对列进行随机取样），每棵决策树的 m 个 feature 相同。每棵决策树其实都是对特定的数据进行学习归纳出分类方法，而随机取样可以保证有重复样本被不同的决策树分类，这样就可以对不同决策树的分类能力做个评价。

4.1.8 人工神经网络分类器

神经网络分类器或者是人工神经网络分类器，是一种用于监督学习的经典方法之一。一个神经网络如图 4.7 所示，其中元素被称为"神经元"。

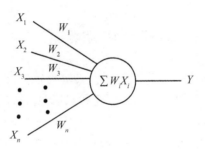

图 4.7 一个简单的神经网络结构图

图 4.7 给出了一个简单的神经网络示例。图的左边是一组输入数据的值 X_1，X_2，…，X_n，右边是输出 Y，它们都是在连续空间中（即通常是在 0 和 1 之间）。神经网络中间的神经元首先计算出输入的权值总和，然后通过减去某个阈值 θ 来调整，最后转移到非线性函数（例如 sigmod 函数）来计算和输出结果。总之这个过程可以参照公式 4.4。

$$Y = f\left(\sum_{i=1}^{N} W_i X_i - \theta\right) \qquad (公式 4.4)$$

其中 W_i 是元素 i 的权值。一些神经元的输出可能是一些其他神经元的输入。在一个神经网络分类器的多层感知拓扑上，神经元是排列在不同的层，如图 4.8 所示。每一层输出都连接到下一层节点的输入，即第一层（输入层）的输入是网络的输入，而最后一层的输出形成网络的输出。

神经网络的优点是对于非线性的问题表现出较好的性能，而传统的决策树，或者基于规则的方法无法很好地解决非线性空间的分类问题。对大规模数据的挖掘使用神经网络的缺点之一是学习过程缓慢。另一个缺点是神经网络不给出明确的知识表示,或者是其他一些更容易的解释,神经网络模型是隐式的,隐藏在节点之间的网络结构和优化的权值中。

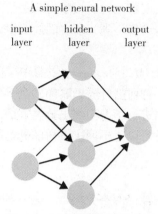

图 4.8 一个感知拓扑的例子

4.2 简单分类示例——填充颜色分类器

在本次实验中我们要训练一个分类模型,来解决填充颜色的判定问题。在训练数据中,目标变量是填充颜色,有两个类别:**填充和未填充**。如图 4.9 所示,面对一个坐标集合,怎样决定每个点是否应该被填充颜色呢?在 Mahout 中的 JAR 文件中集成了几个这样的数据集,被称为"甜面圈数据"(donut data)。在这一节,我们将学习如何根据这些数据来构建一个填充颜色分类器。

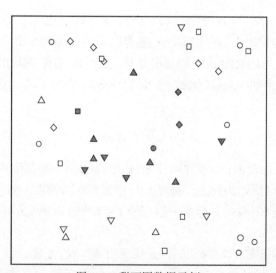

图 4.9 甜面圈数据示例

4.2.1 查看数据

查看 Mahout 中内建数据 donut.csv，具体字段含义参见表 4.1，结果如图 4.10 所示。
$ mahout cat donut.csv

图 4.10　Mahout 中内建数据 donut.csv

表 4.1　**donut.csv 数据文件中的字段**

变量	描述	可能值
x	一个点的 x 坐标	从 0 到 1 的数值
y	一个点的 y 坐标	从 0 到 1 的数值
shape	一个点的形状	从 21 到 25 的形状代码
color	点是否被填充	1 表示"空"，2 表示"填充"
K	仅用 x 和 y 进行 k-means 聚类所得到的 ID	从 1 到 10 的整型簇 ID
k0	用 x、y 和 color 进行 k-means 聚类所得到的 ID	从 1 到 10 的整型簇 ID
xx	x 坐标的平方	从 0 到 1 的数值
xy	x 和 y 坐标的积	从 0 到 1 的数值
yy	y 坐标的平方	从 0 到 1 的数值
a	到原点(0, 0)的距离	从 0 到的数值
b	到点(1, 0)的距离	从 0 到的数值
c	到原点(0.5, 0.5)的距离	从 0 到 的数值
bias	一个常量	1

4.2.2 训练模型

使用 Logistic 回归的随机梯度下降(SGD)算法来训练模型。在 Mahout 中，SGD 算法使用 trainlogistic 程序来训练模型、runlogistic 程序来运行模型，下面我们先介绍估参数 AUC 的含义，之后将介绍这两个程序的部分命令行选项。

- AUC：英文全称为 Area Under the Curve，即曲线以下的面积，广泛应用于评估模型质量。在这里我们只需要知道 AUC 的范围为[0, 1.0]，含义如图 4.11 所示：

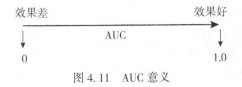

图 4.11　AUC 意义

- trainlogistic 程序部分的命令行选项参见表 4.2。

表 4.2　　　　　　　　　　**trainlogistic 程序的部分命令行选项**

选项	说明
--input <file-or-resource>	使用指定的文件或资源作为输入
--output　<file-for-model>	将模型存入指定的文件
--target　<variable>	使用指定的变量作为目标
--predictors　<v1>...<vn>	指定目标变量的类别个数
--types　<t1>...<tm>	给出了特征变量的类型列表。各个类型必须是数值、单词或文本。类型可以缩写为它们的第一个字母。如果给出的类型太少,就重复使用最后一个。用单词表示类别变量
--features	设定用于构建模型的内部特征向量大小。在这里较大的值会比较合适,尤其是处理文本型输入数据时
--passes	指定训练过程中对输入数据的复核次数。小规模的输入文件可能需要检验几十遍,很大的输入文件则不可能需要完全检查
--rate	设定初始学习率。如果你有大量数据或设定了很高的复核次数,可以把它设大一点,因为它会随着数据核查的过程逐渐衰减

- runlogistic 程序部分的命令行选项参见表 4.3。

表 4.3　　　　　　　　　　**runlogistic 程序的部分命令行选项**

选项	说明
--auc	读入数据后打印模型在输入数据上的 AUC 分值
--confusion	打印某个阈值的混淆矩阵
--input　<input>	使用指定的文件或资源作为输入
--model　<model>	从指定文件中读入模型

利用 Mahout 构建模型的具体步骤如下。
(1)使用 x 和 y 特征构建一个检测 color 字段的模型,命令如下:
　$ mahout trainlogistic　--input donut.csv \
--output ./model　\
--target color --categories 2　\
--predictors x y --types numeric　\
--features 20 --passes 100 --rate 50
(2)运行该模型,评估模型的表现,输出结果如图 4.12 所示。
　$ mahout　runlogistic --input donut.csv　--model　./model　\

--auc --confusion

图 4.12　模型运行结果

(3) 使用额外变量来训练模型

之前只是使用了 x 和 y 作为特征进行模型训练，现在我们再将 a、b 及 c 加入特征集合，即使用 x, y, a, b, c 这 5 个变量来训练模型，使用以下命令：

$ mahout trainlogistic --input donut.csv --output model \
--target color --categories 2 \
--predictors x y a b c --types numeric \
--features 20 --passes 100 --rate 50

从图 4.13 中可以看到，在这个模型中，给予 c 变量的权重很大，而且截距项也较大。

图 4.13　训练后得到的模型参数

(4) 再次测试改进过的模型

$ mahout runlogistic --input donut.csv --model model \
--auc --confusion

图 4.14　经过再次改进过的模型的评估结果

(5) 用新数据进行测试，使用数据集 donut-test.csv

$ mahout runlogistic --input donut-test.csv --model model \
--auc --confusion

图 4.15　使用新的测试数据得到的评估结果

(6) 拓展尝试

如果去除 c 变量，只使用 x、y、a、b 作为预测变量集进行模型训练，结果会怎么样呢？可以看到 AUC 的值有所下降，但是效果仍然不错。

```
$ mahout trainlogistic --input donut.csv   --output   model   \
--target color --categories 2 \
--predictors x y a b   --types numeric --features 20 \
--passes 100 --rate 50
```

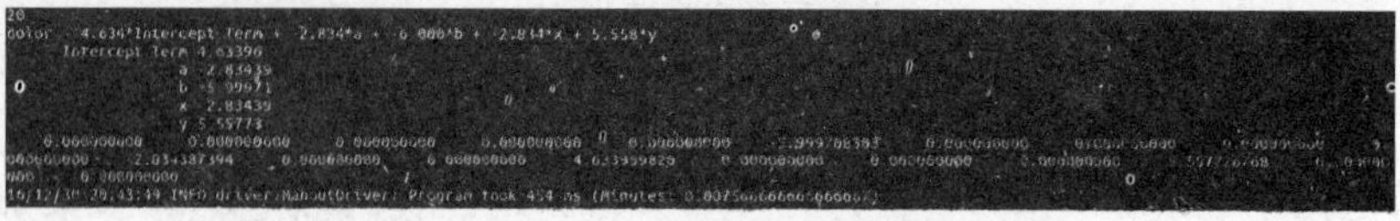

图 4.16　去除 c 变量后，得到的训练模型

评估该模型：

```
$ mahout runlogistic --input donut-test.csv --model   model   \
--auc --confusion
```

图 4.17　去除 c 变量后得到的训练模型的评估结果

从之前我们改善的模型中，我们知道 c 所携带的信息对于模型训练的效果有很大影响，但是这次我们没有用 c 进行训练模型，AUC 的值仍然达到了 0.91，训练模型的效果只是轻微下降，这说明 c 所携带的信息也存在于 x、y、a 和 b 中。

4.3　文本分类算法准备工作

4.3.1　训练分类器流程

开发分类器是个动态过程，要求我们能够思考出描述数据特征的最佳方式，并考虑在训练模型所选用的学习算法中如何使用这些数据特征。无论是在训练算法可以读取的内存还是文件格式中，将这些值交付给训练分类器的任何算法时，都必须以数字向量的形式表示。

提取特征以构建分类器，即为训练算法准备数据，主要包括两步：

(1) 原始数据的预处理：经过重新组织，原始数据变成带有相同特征集合的记录。

(2) 将数据转换成向量，这一步又可以分为两个阶段——词条化和向量化。

4.3.2　实现文本的词条化和向量化

对于单词型或文本型变量，需要对文本中的所有单词进行编码，然后产生每个单词编

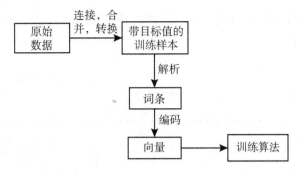

图 4.18 训练分类器流程图

码的线性权重之和,从而将文本编码为向量。

实验内容:利用 Mahout 提供的编码器及 Lucene 提供的分析器,将"text to magically vectorize"编码成向量。

表 4.4   文本的词条化和向量化代码示例

代码清单:文本的词条化和向量化

FeatureVectorEncoder encoder = new StaticWordValueEncoder("text");
Analyzer analyzer = new StandardAnalyzer(Version. LUCENE_31);
StringReader in = new StringReader("text to magically vectorize");
TokenStream ts = analyzer. tokenStream("body", in);
TermAttribute termAtt = ts. addAttribute(TermAttribute. class);
Vector v1 = new RandomAccessSparseVector(100);
while (ts. incrementToken()) {
  char[ ] termBuffer = termAtt. termBuffer();
  int termLen = termAtt. termLength();
  String w = new String(termBuffer, 0, termLen);
    encoder. addToVector(w, 1, v1);
}
System. out. printf("%s \ n", new SequentialAccessSparseVector(v1));

输出结果如图 4.19 所示。对于"text to magically vectorize"编码的向量,这个向量中有 6 个非 0 值(冒号前面的数字,可以看下图),向量大小为 100。等于 0 的值没有保存。

{8:1.0,21:1.0,67:1.0,77:1.0,87:1.0,88:1.0}

图 4.19 文本的词条化和向量化输出结果

如图 4.20 所示，位置 8 和 21 是单词 text 的编码，77 和 87 是 vectorize 的编码，67 和 88 是 magically 的编码。单词 to 被 Lucene 标准分析器去掉了。这一过程的最终结果是个稀疏向量，其中的 0 值根本不会保存。

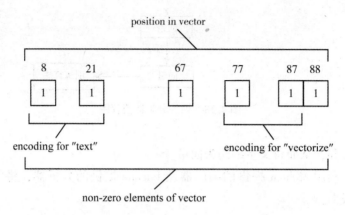

图 4.20 "text to magically vectorize"对应的编码向量

4.4 逻辑回归新闻分类算法

4.4.1 准备数据集

利用 SGD 学习算法为 20Newsgroups 数据构建一个分类模型。20Newsgroups 数据集是机器学习研究中常用的标准数据集。这些数据是 20 世纪 90 年代早期 20 个 Usenet 新闻组上几个月消息的副本。官方下载链接为：http：//people.csail.mit.edu/jrennie/20Newsgroups/20news-bydate.tar.gz(下载速度有可能很慢，还有可能出现下载文件不完整的现象，附百度网盘地址：http：//pan.baidu.com/s/1hsuTeg0，提取密码：esgc)，若在 windows 解压，要选择"解压到当前文件夹"。解压后，会出现 20news-bydate-train 和 20news-bydate-test 两个文件夹，分别对应着训练集和测试集，如图 4.21 所示。

图 4.21 20Newsgroups 解压后产生的训练集和测试集

打开 20news-bydate-train 文件夹，可以看到已经分类好的文档集合：

图 4.22　20news 训练集中部分文件列表

4.4.2　模型建立与评估

利用 SGD 算法来训练分类模型，并对其进行评估，具体过程如表 4.5 所示。

表 4.5　　　　　　　　　　运行 **SGD** 新闻分类算法示例

步骤：SGD 新闻分类示例
1. 进入 Mahout 安装目录：＄cd　＄MAHOUT_HOME
2. 进入 examples 文件夹：＄cd　examples
3. 查看可用示例：＄ls
4. 运行 classify-20newsgroups.sh：＄./classify-20newsgroups.sh
5. 选择 SGD 算法：＄2

注：

（1）步骤 1 的意义在于进入 Mahout 安装目录，该命令的好处在于能够快速进入 Mahout 安装目录，不过前提是已经配置了 MAHOUT_HOME。此外，还可以通过输入绝对路径进入主目录。

（2）工作目录默认为 /tmp/mahout-work-username（username 是指当前用户的用户名，根据自己机器的当前账户名称而定）。在首次运行 classify-20newsgroups.sh 脚本时，mahout 会在 tmp 目录下自动创建 mahout-work-**username** 文件夹并开始下载 20newsgroups 数据集，就像在 4.3.1 中提到的，下载任务很容易失败并且可能会出现下载得到的文件不完整的情况。

解决方法：在运行算法前，手动创建 mahout-work-username 文件夹，并将 20news-bydate.tar.gz 拷贝到该文件夹。

4.4.3 部分运行过程

(1) 运行 classify-20newsgroups.sh 脚本文件并选择 SGD 算法。

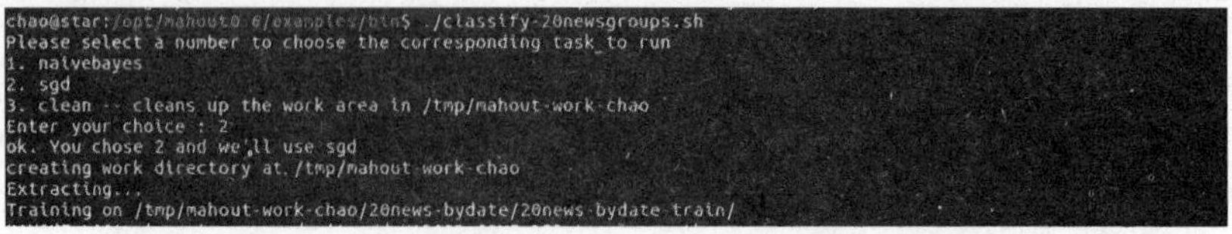

图 4.23　运行 classify-20newsgroups.sh 脚本文件并选择 SGD 算法

(2) 在模型训练完成后，评估模型效果并输出评估结果。

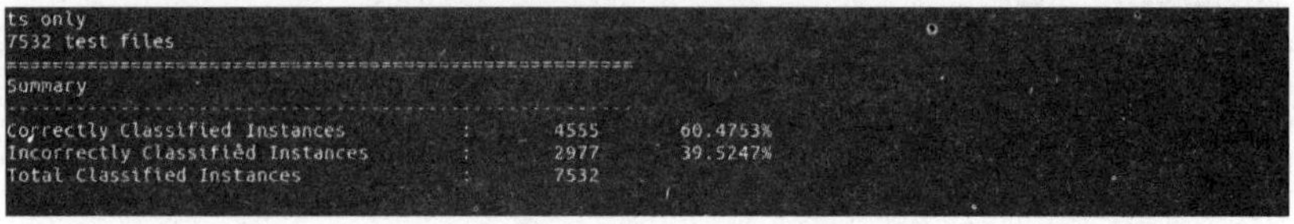

图 4.24　SGD 分类模型评估结果

(3) 评估模型过程中产生的 Confucian Matrix（混淆矩阵）。

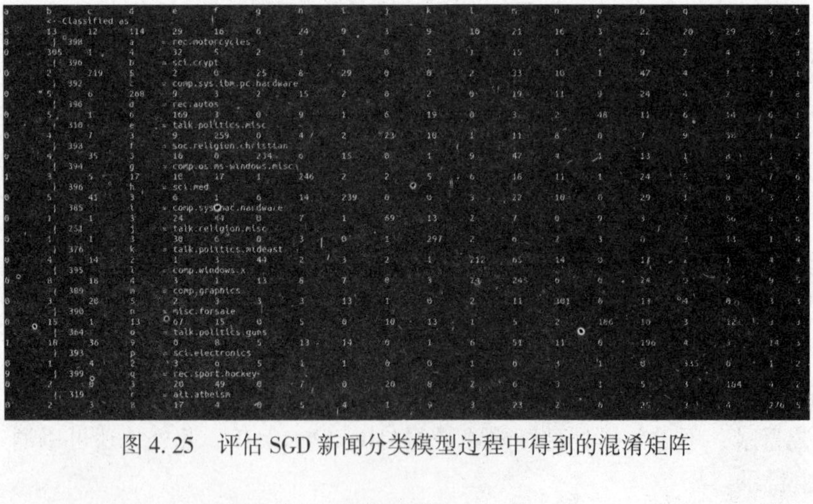

图 4.25　评估 SGD 新闻分类模型过程中得到的混淆矩阵

注：Confucian Matrix（混淆矩阵），特别用于监督学习，在无监督学习一般叫做"匹配矩阵"，通过它可以很清楚地看到每个类别正确分类的个数以及被错分的类别和个数，下面举例说明：

如果有 150 个样本数据，将这些数据分成 3 类，每类 50 个。分类结束后得到的混淆矩阵，如表 4.6 所示。每一行之和为 50，表示 50 个样本，第一行说明类 1 的 50 个样本有

43个分类正确,5个错分为类2,2个错分为类3。

表4.6 举例说明混淆矩阵

		预测		
		类1	类2	类3
实际	类1	43	5	2
	类2	2	45	3
	类3	0	1	49

在图 4.25 中,a,b,c,d,e... 是对应类别的代号,在图中可以看到它对应的具体类别。接下来,举例说明如何看这张图:

在评估该模型时,依次用类别为 a,b,c,d... 的文档集合去测试,每一类别的测试结果对于混淆矩阵中相邻两行输出。找到 b＝sci.crypt 这一行,就可以知道 b 代表的文件类别为"sci.crypt",前面的"396"代表测试集中类别为"sci.crypt"的文件总数为396,利用训练好的模型对"sci.crypt"文档集合进行分类,从该行的上一行可以看到分类结果:被归到 b 的正确个数为305,被归到 c 的错误个数为1,被归到 d 的错误个数为4,后面可以以此类推。从混淆矩阵中可以对分类结果有一个直观了解。

4.5 朴素贝叶斯新闻分类算法

在 4.4 节的 SGD 新闻分类算法实例中,我们已经看到分类算法中除了 SGD 算法示例,还有 naivebayes 分类算法示例,如图 4.23 所示。现在我们来利用朴素贝叶斯算法进行新闻分类,只需要将表 4.5 中的步骤 5,改为"$1",即选择"1",就可以运行 naivebayes 新闻分类算法示例了。(注:需要提前开启 Hadoop 服务)

可以看到产生如图 4.26 所示的混淆矩阵:

图 4.26 朴素贝叶斯新闻分类产生的混淆矩阵

4.6 隐马尔科夫模型

分类算法是预测分析（predictive analytic）的核心。预测分析的目标就是建立一个自动化系统，以取代人类做出决策的功能。分类算法是实现这一目标的一个基本工具。在前面，从简单的分类示例，到逻辑回归、朴素贝叶斯新闻分类法，我们已经对训练、评估分类模型流程有了一个初步的体会，现在我们来体验一下利用隐马尔科夫模型来做一些简单的状态预测。

实验具体内容：有一个状态序列集合，状态有：0，1，2，3（以空格字符作为分隔符）。现在思考我们能不能找出这些状态序列的潜在规律，从而预测接下来的10个状态最有可能是什么。

状态序列集合为：0 1 2 2 2 1 1 0 0 3 3 3 2 1 2 1 1 1 1 2 2 2 0 0 0 0 0 0 2 2 2 0 0 0 0 0 0 2 2 2 3 3 3 3 3 3 2 3 2 3 2 3 2 1 3 0 0 0 1 0 1 0 2 1 2 1 2 1 2 3 3 3 3 3 2 2 3 2 1 1 0

实验步骤：我们以状态序列作为输入信息，利用隐马尔科夫模型来预测接下来的10个状态最有可能是什么，具体步骤详见表4.7。

注：需要在 root 权限下运行。

表 4.7　　　　　　　　　利用隐马尔科夫模型预测状态序列

预测状态序列
1. 输入状态序列：$ echo "0 1 2 2 2 1 1 0 0 3 3 3 2 1 2 1 1 1 1 2 2 2 0 0 0 0 0 0 2 2 2 0 0 0 0 0 0 2 2 2 3 3 3 3 3 3 2 3 2 3 2 3 2 1 3 0 0 0 1 0 1 0 2 1 2 1 2 1 2 3 3 3 3 3 2 2 3 2 1 1 0" > hmm-input
2. 设置 MAHOUT_LOCAL 为 true，使程序在本地运行：$ export MAHOUT_LOCAL=true
3. 训练模型：$ mahout baumwelch -i hmm-input -o hmm-model -nh 3 -no 4 -e .0001 -m 1000
4. 输出预测结果：$ cat hmm-predictions

（1）输入状态序列集合，训练模型。

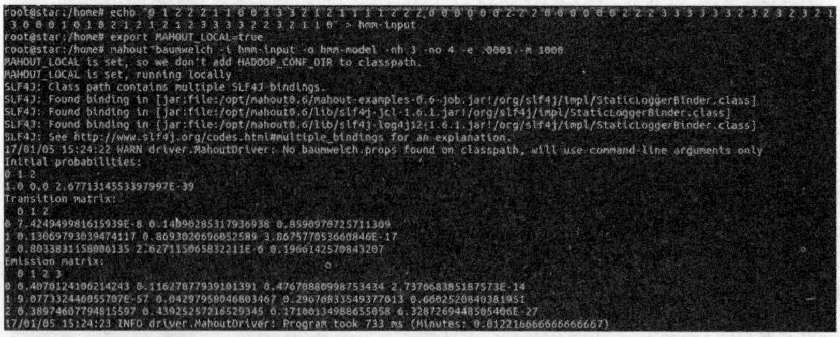

图 4.27　输入状态序列集合、训练模型

（2）由隐马尔科夫模型得出预测结果：0 0 1 2 2 3 2 2 0 2。

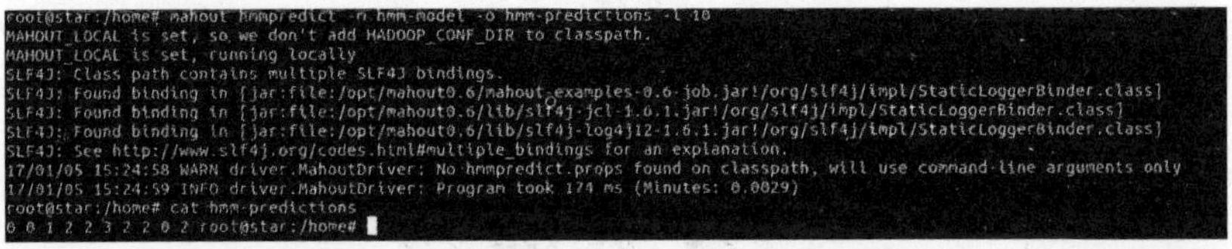

图 4.28 根据训练模型得到预测结果

5 关联规则

关联规则挖掘领域最经典的算法是 Apriori，其致命的缺点是需要多次扫描事务数据库。于是人们提出了各种裁剪（prune）数据集的方法以减少 I/O 开支，FP-Tree 算法就是其中非常高效的一种。本章以 FP-Tree 算法为例，给出了实验的相关步骤。

5.1 知识要点

5.1.1 频繁项集发现

我们先了解一下频繁模式的基本概念。假设有很多的 item，这里的 item 是项，或者可以想象成超市里出售的商品。一个或者是多个项的集合构成项集，即 itemset。k 项集指的是这个项集当中有 k 个项。

进行频繁模式挖掘或者关联分析的基础是事务数据库。事务数据库是由多个事务或者说 transaction 组成的，每个事务是一些项的集合。或者想象成一个购物篮，顾客放在购物篮中一次购买的那些商品就是一个事务，一个 transaction。所以频繁模式挖掘那就是发现那些经常被放到一个购物篮当中的商品集合。

5.1.2 支持度和置信度

经常被放到一个购物篮当中的商品集合是我们所关注的，如何衡量"经常"？可以用支持度来进行度量。支持度有两种。一种是绝对支持度，是项集发生的频度或者是它的出现次数，这是一个整数。另一种是相对支持度，衡量所有事务中项集出现的次数占整个事务数量的比例。对某个项集计算得到的支持度，无论是频度还是比例，我们需要一个给定的阈值。如果不小于给定的支持度阈值或者说大于等于给定的支持度阈值，我们就认为它是一个频繁项集。

项集的一个支持表示为 support(X)，是描述包括该项集的事务数量。一个项集 k 长度的子集被称为"k 子集"。如果项集的支持度是大于用户指定的最低支持(minsup)度，那么该项集是频繁的。

关联规则常用表达式 $A \Rightarrow B$ 来表示，其中 A 和 B 是项集。规则的支持度表示成 support$(A \Rightarrow B)$ = support$(A \cup B)$，且规则的置信度表示成 $conf(A \Rightarrow B) = support(A \cup B)/support(A)$（即在包含 A 项集的集合中，同时包含了 B 的条件概率）。产生的关联规则的置信度要大于用户给定的最小置信度(minconf)。可以看到关联规则挖掘的任务是生成所有的符合一定要求的规则，它的支持是要比最小支持来得大的，并且置信度也是要比最小置信度大。

5.1.3 Apriori 关联规则挖掘算法

Apriori 关联规则挖掘算法分为两个阶段,即发现频繁项集和产生关联规则。

1)发现频繁项集。为了找到所有的频繁项集,Apriori 算法引入了候选项。其基本思路如下:首先产生候选 K 项集(即 K 是从 1 开始,并在下一周期递增 1),然后根据最小支持度判断这些候选项是否频繁。为了提高性能,避免产生太多并不需要的候选项,Apriori 算法引入了单调属性。也就是说当且仅当长度为 $K+1$ 的项集中所有的 K 子集是频繁的(支持度大于 minsup),它才会变成候选项。在后来的很多论文中被证明过,这个简单有效的策略在很大程度上降低了候选项的数量。

2)产生关联规则。给定所有的频繁项集以及它们的支持度,根据前面介绍的置信度计算公式,将高于最小置信度的规则作为产生的关联规则。已经得到频繁项集的情况下,生成关联规则并不是那么困难。相对来说,如何得到频繁项集,面临的挑战更大,迄今为止几乎所有的研究都集中在频繁项集的生成阶段。

5.2 关联规则挖掘示例

FP-Tree 算法是一种不产生候选模式而采用频繁模式增长的方法挖掘频繁模式的算法。此算法只需要扫描两次数据库:第一次扫描数据库得到一维频繁项集;第二次扫描数据库是利用一维频繁项集过滤掉数据库中的非频繁项集,同时生成 FP-tree。由于 FP-tree 蕴含了所有的频繁项集,其后的频繁项集的挖掘只需要在 FP-tree 上进行。FP-Tree 算法挖掘有两个阶段构成:

第一阶段建立 FP-tree,即将数据库中的事务构造成一棵 FP-tree 树;

第二阶段为挖掘 FP-tree,即针对 FP-tree 挖掘频繁模式和关联规则。

5.2.1 发现频繁项集

具体步骤如下:

1)数据准备

到 http://fimi.ua.ac.be/data/下载一个购物篮数据 retail.dat。

2)启动 hadoop 服务,服务进程如图 5.1 所示

$ cd /opt/Hadoop-1.2.1/bin　　　　#进入 hadoop 的 bin 路径

$ ./start-all.sh

$ jps

图 5.1　hadoop 服务启动成功

3) 上传数据文件到 hadoop 文件系统，hdfs 目录结构如图 5.2 所示

$ hadoop fs -mkdir /user/wilben/testdata   #创建目录
$ hadoop fs -put ~/Downloads/retail.dat /user/wilben/testdata/retail.dat
$ hadoop fs -ls /user/wilben/testdata

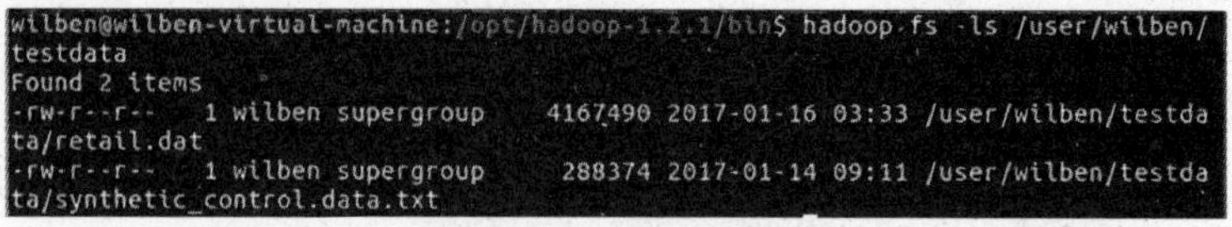

图 5.2　hdfs 目录结构

4) 调用 FpGrowth 算法(FP-Tree 算法)，执行完成后生成的文件夹如图 5.3 所示

$ mahout fpg -i /user/wilben/testdata/retail.dat -o patterns -k 10 -method mapreduce -regex ´[\ ]´ -s 10

其中，

- -i：输入
- -o：输出
- -k 10：找出和某个 item 相关的前十个频繁项
- -method mapreduce：使用 mapreduce 来运行这个作业
- -regex ´[\ ]´：每个 transaction 里用空白来间隔 item 的
- -s 10：只统计最少出现 10 次的项。

$ hadoop fs -ls /user/wilben/patterns

图 5.3　算法执行后生成的目录结构

其中，

- fList：记录了每个 item 出现的次数的序列文件
- frequentpatterns：记录了包含每个 item 的频繁项的序列文件

5) 查看运行结果，如图 5.4 所示

$ mahout seqdumper -seqFile /user/wilben/patterns/frequentpatterns/part-r-00000

其中，第一行显示了与 item3135 有关的前十个事务(按出现次数排序)，([3135]，56)表示 item3135 出现在 56 个事务中；([39, 3135]，41)表示 item39 和 3135 这两个 item 同时出现在 41 个事务中。

图 5.4 算法执行部分结果

5.2.2 产生关联规则

根据 5.1.1 对于支持度和置信度的介绍，接下来用程序来推到关联规则。

1）将 hdfs 生成的几个文件放到本地

$ hadoop fs -getmerge /user/wilben/patterns/frequentpatterns frequentpatterns.seq

$ hadoop fs -get /user/wilben/patterns/fList fList.seq

2）在 Eclipse 中创建 Maven 工程，在 pom.xml 中加入 mahout0.6 所需的相关依赖 JAR 包，并将两个序列文件拷贝到工程的根目录下，代码如下：

代码清单 5.1：产生关联规则

```
public static Map<Integer, Long> readFrequency(Configuration configuration, String fileName) throws Exception {
    FileSystem fs = FileSystem.get(configuration);
    Reader frequencyReader = new SequenceFile.Reader(fs,
            new Path(fileName), configuration);
    Map<Integer, Long> frequency = new HashMap<Integer, Long>();
    Text key = new Text();
    LongWritable value = new LongWritable();
    while (frequencyReader.next(key, value)) {
        frequency.put(Integer.parseInt(key.toString()), value.get());
    }
    return frequency;
}
```

```java
public static void readFrequentPatterns(
        Configuration configuration,
        String fileName,
        int transactionCount,
        Map<Integer, Long> frequency,
        double minSupport, double minConfidence) throws Exception {
    FileSystem fs = FileSystem.get(configuration);

    Reader frequentPatternsReader = new SequenceFile.Reader(fs,
            new Path(fileName), configuration);
    Text key = new Text();
    TopKStringPatterns value = new TopKStringPatterns();

    while (frequentPatternsReader.next(key, value)) {
        long firstFrequencyItem = -1;
        String firstItemId = null;
        List<Pair<List<String>, Long>> patterns = value.getPatterns();
        int i = 0;
        for (Pair<List<String>, Long> pair: patterns) {
          List<String> itemList = pair.getFirst();
          Long occurrence = pair.getSecond();
          if (i == 0) {
              firstFrequencyItem = occurrence;
              firstItemId = itemList.get(0);
          } else {
              double support = (double)occurrence / transactionCount;
              double confidence = (double)occurrence / firstFrequencyItem;
              if ((support > minSupport
                      && confidence > minConfidence)) {
                  List<String> listWithoutFirstItem = new ArrayList<String>();
                  for (String itemId: itemList) {
                      if (!itemId.equals(firstItemId)) {

                          listWithoutFirstItem.add(itemId);
                      }
                  }
                  String firstItem = firstItemId;
```

```
                    listWithoutFirstItem.remove(firstItemId);
                    System.out.printf(
                        "%s => %s: supp=%.3f, conf=%.3f",
                        listWithoutFirstItem,
                        firstItem,
                        support,
                        confidence);

                    if (itemList.size() == 2) {
                        // we can easily compute the lift and the conviction for set of
                        // size 2, so do it
                        int otherItemId = -1;
                        for (String itemId: itemList) {
                            if (!itemId.equals(firstItemId)) {
                                otherItemId = Integer.parseInt(itemId);
                                break;
                            }
                        }
                        long otherItemOccurrence = frequency.get(otherItemId);
                        double lift = (double)occurrence / (firstFrequencyItem *
otherItemOccurrence);
                        double conviction = (1.0 - (double)otherItemOccurrence /
transactionCount) / (1.0 - confidence);
                        System.out.printf(
                            ", lift=%.3f, conviction=%.3f",
                            lift, conviction);
                    }
                    System.out.printf("\n");
                }
            }
            i++;
        }
    }
    frequentPatternsReader.close();
}
```

```
public static void main(String args[]) throws Exception {

    int transactionCount = 88162; //事务总数
    String frequencyFilename = "fList.seq"; //
    String frequentPatternsFilename = "frequentpatterns.seq";
    double minSupport = 0.001; //支持度
    double minConfidence = 0.3; //置信度

    Configuration configuration = new Configuration();
    Map<Integer, Long> frequency = readFrequency(configuration, frequencyFilename);
    readFrequentPatterns(configuration, frequentPatternsFilename,
        transactionCount, frequency, minSupport, minConfidence);

}
```

程序运行结果如图 5.5 所示。

```
[39] => 3361: supp=0.003, conf=0.565, lift=0.000, conviction=0.977
[48] => 3361: supp=0.003, conf=0.560, lift=0.000, conviction=1.186
[39, 48] => 3361: supp=0.002, conf=0.396
[48] => 337: supp=0.001, conf=0.589, lift=0.000, conviction=1.271
[39] => 337: supp=0.001, conf=0.554, lift=0.000, conviction=0.952
[48] => 338: supp=0.009, conf=0.611, lift=0.000, conviction=1.344
[39] => 338: supp=0.008, conf=0.582, lift=0.000, conviction=1.018
[39, 48] => 338: supp=0.006, conf=0.405
[48] => 340: supp=0.005, conf=0.633, lift=0.000, conviction=1.422
[39] => 340: supp=0.004, conf=0.616, lift=0.000, conviction=1.107
[39, 48] => 340: supp=0.003, conf=0.437
[3535] => 3402: supp=0.001, conf=0.706, lift=0.003, conviction=3.396
[39] => 3402: supp=0.001, conf=0.672, lift=0.000, conviction=1.298
[48] => 3402: supp=0.001, conf=0.565, lift=0.000, conviction=1.200
[48] => 3404: supp=0.002, conf=0.650, lift=0.000, conviction=1.493
[39] => 3404: supp=0.002, conf=0.642, lift=0.000, conviction=1.188
[39, 48] => 3404: supp=0.001, conf=0.481
[48] => 3405: supp=0.001, conf=0.628, lift=0.000, conviction=1.405
[39] => 3405: supp=0.001, conf=0.615, lift=0.000, conviction=1.194
```

图 5.5　关联规则运行结果

参 考 文 献

[1] [美]Sean Owen, Robin Anil, Ted Dunning, Ellen Friedman. mahout 实战[Mahout in Actioin], 王斌, 韩冀中, 万吉, 译. 北京：人民邮电出版社 2014.

[2] [美] Jiawei Han, [美] Micheling Kamber, [美] Jian Pei, 等. 数据挖掘概念与技术（第 3 版）[Data Mining Concepts and Techniques Third Edition]. 范明, 孟小峰, 译. 北京：机械工业出版社, 2012.

[3] Christopher D. Manning, Prabhakar Raghavan and Hinrich Schütze. Introduction to Information Retrieval. Cambridge University Press. 2008.

[4] Jure Leskovec, Anand Rajaraman, Jeff Ullman. Mining of Massive Datasets. Cambridge University Press. 2011.